地震群测群防工作指南

《地震群测群防工作指南》编委会　编著

地震出版社

图书在版编目（CIP）数据

地震群测群防工作指南 /《地震群测群防工作指南》编委
会编著 . 一北京：地震出版社，2017.5
ISBN 978-7-5028-4723-4

Ⅰ . ①地…　Ⅱ . ①地…　Ⅲ . ①防震减灾－普及读物
Ⅳ . ① P315.94-49

中国版本图书馆 CIP 数据核字（2017）第 051517 号

地震版　XM3739

地震群测群防工作指南

《地震群测群防工作指南》编委会　编著
责任编辑：范静泊
责任校对：凌　樱

出版发行：**地震出版社**
　　　　　北京市海淀区民族大学南路 9 号　　　　邮编：100081
　　　　　发行部：68423031　68467993　　　　传真：88421706
　　　　　门市部：68467991　　　　　　　　　传真：68467991
　　　　　总编室：68462709　68423029　　　　传真：68455221
　　　　　市场图书事业部：68721982
　　　　　E-mail：seis@mailbox.rol.cn.net
　　　　　http://www.dzpress.com.cn
经销：全国各地新华书店
印刷：北京鑫丰华彩印有限公司

版（印）次：2017 年 5 月第一版　2017 年 5 月第一次印刷
开本：710×1000　1/16
字数：184 千字
印张：16.5
书号：ISBN 978-7-5028-4723-4/P（5419）
定价：38.00 元

地震群测群防工作指南
编 委 会

赵　宁　郭延伟　赵希俊

  预防为主，专群结合，多路探索是我国防震减灾的基本路径。群测群防的根本含义是群众性的测报和群众性的防御。群测群防在防震减灾工作中占有重要地位，发挥着重要作用。

  中国开展真正有意义、成规模的群测群防工作是从 1966 年邢台地震之后开始的。此后，群测群防工作曾一度做得有声有色，甚至可以说是轰轰烈烈。然而到 20 世纪 80 年代中期，随着机构改革中市、县地震机构的削弱，群测点也大幅度减少，群测群防工作也逐渐停滞。直到 21 世纪初，这项工作才又重新有了起色。

  在 2000 年的全国防震减灾工作会议上，时任国务院副总理的温家宝同志在报告中强调指出："要认真研究新形势下如何开展群测群防工作，进一步发挥群测群防在防震减灾，尤其是在地震短期和临震预报中的作用。"

  2004 年 9 月，国务院印发《关于加强防震减灾工作的通知》，要求各地要根据社会主义市场经济条件下的新情况，研究制定加强群策群防工作的政策措施。积极推进"三网一员"——地震宏观测报网、地震灾情速报网和地震知识宣传网建设，在乡镇设置防震减灾助理员，形成"横向到边、纵向到底"的群测群防体系。

  新修订并于 2009 年 5 月 1 日起施行的《中华人民共和国防震减灾法》规定："国家鼓励、引导社会组织和个人开展地震群测群防活动,对地震进行监测和预防。"这不仅明确了群测群防的主体是社会组织和个人,而且明确了政府在地震群测群防工作中的任务和作用,确立了地震群测群防工作在防震减灾事业中的重要地位。

党的十八大描绘了我国现代化建设的宏伟蓝图,明确提出建设生态文明,要求"加强防灾减灾体系建设,提高气象、地质、地震灾害防御能力","完善应急管理体制机制,提高预知、预警、预防和应急处置水平"。防震减灾工作作为生态文明建设的重要组成部分,涉及面广,要想取得实效,绝非地震系统单打独斗就能实现的,必须融入经济社会发展,坚定不移地走融合式发展道路。防震减灾事业是全民性的社会公益事业,是全社会的共同责任,离不开全民的共同参与和支持。群测群防工作就是社会公众参与防震减灾事业的有力纽带,是防震减灾融合式发展的群众性基础,蕴藏着巨大的防震减灾效益。

目前,全国几乎所有省、市都在以推进"三网一员"建设为主要内容的地震群测群防工作方面进行了积极尝试,并取得了一定的成绩,同时也发现了一些问题。其中一个非常突出的问题,就是缺乏具有专业性和实用性的工作指南和系统的参考资料,这在一定程度上限制了群测群防工作的开展。

为满足群测群防工作的实际需要,经过广泛调研和论证,我们编写了《地震群测群防工作指南》一书。该书深入浅出地介绍了地震群测群防工作所涉及的基本知识和常用技能,理论与实践并重,特别强调可读性、通俗性和可操作性。既是广大地震工作者、群测群防工作人员日常工作的实用参考图书,也是一本适合群众学习防震减灾知识的科普读物。

1 地震群测群防工作的发展历程和思路

1.1 我国地震群测群防工作的历程和借鉴 ················· 1

1.1.1 1966 年邢台地震推动了群测群防工作的蓬勃发展 ··· 1

1.1.2 对地震群测群防工作的调整、整顿和提高 ······ 5

1.1.3 群测群防在防震减灾工作中占有重要地位 ······ 7

1.1.4 专群结合、综合防御是我国防震减灾对策的特色 ····· 9

1.1.5 日本在群众性防震减灾工作方面的有益探索和宝贵经验 ················· 11

1.2 新时期的群测群防工作 ················· 14

1.2.1 新时期群测群防队伍应承担的任务 ················· 14

1.2.2 新时期地震群测群防工作存在的问题 ················· 18

1.2.3 "三网一员"建设使群测群防工作重新焕发活力 ······ 21

1.2.4 群测群防也要与时俱进，转变观念 ················· 23

1.3 扎实推进群测群防工作 ················· 28

1.3.1 明确群测群防工作组织管理的思路 ················· 28

1.3.2 为群测群防工作正常开展提供保障措施 ················· 31

1.3.3 加强"三网二进一员"建设，推进群测群防工作 ······ 34

1.3.4 任何单位和个人都有依法参加防震减灾活动的义务 ··· 37

2 发挥群测群防在地震宏观异常测报方面的作用

2.1 中国地震预报工作的探索与发展 ················ 41

    2.1.1 中国地震预报工作的探索和发展历程 ········ 41

    2.1.2 中国地震预测预报工作体制的形成和完善 ···· 52

    2.1.3 地震学家对"确定性的地震前兆"的探索和认识 ····· 57

2.2 宏观异常在地震预报中的作用 ················ 61

    2.2.1 重视宏观异常是我国地震监测预报探索的一大特色 ··· 61

    2.2.2 推进地震宏观测报点和宏观测报网的建设工作 ········ 66

    2.2.3 做好宏观异常的监测核实上报工作 ············ 68

    2.2.4 有效收集、及时上报震前的大规模宏观异常 ······ 72

    2.2.5 严格遵守我国的地震预测预报工作制度 ········ 76

2.3 宏观异常的基本知识 ···················· 80

    2.3.1 地震发生前震中区附近为什么会出现宏观异常 ········ 80

    2.3.2 地震孕育过程中相应前兆的主要特征 ············ 82

    2.3.3 可能与地震孕育、发生有关联的宏观异常 ········ 83

    2.3.4 人们对动物行为异常作为地震宏观前兆的研究 ······· 91

    2.3.5 地震前为什么会出现动物行为异常 ············ 96

2.4 初步判断异常现象与地震的关系 ·············· 100

    2.4.1 如何判断地下水异常现象是否与地震有关 ······· 100

    2.4.2 如何判断动物异常现象是否与地震有关 ········ 107

    2.4.3 如何判断异常发光现象是否与地震有关 ········ 111

    2.4.4 如何判断地表异常现象是否与地震有关 ········ 115

    2.4.5 和地震没有关系的宏观异常现象有哪些特点 ········ 118

3 发挥群测群防在地震灾情速报方面的作用

3.1 了解地震灾害 …………………………………… 123

3.1.1 破坏性地震会给人类社会带来哪些灾害 ………… 123

3.1.2 地震灾害与其他的自然灾害有不同的特点 ……… 128

3.1.3 影响地震破坏程度的主要因素 ………………… 131

3.1.4 地震的有感程度与有感范围与哪些因素有关 …… 134

3.1.5 地震烈度与对应的各项宏观标志 ……………… 136

3.2 地震灾情的观察与速报 …………………… 141

3.2.1 地震灾情速报对政府决策具有重要作用 ……… 141

3.2.2 地震灾情速报的主要职责及基本要求 ………… 144

3.2.3 如何确保地震灾情速报工作科学有序地进行 …… 146

3.2.4 进行地震速报优先把握"快"的原则 ………… 149

3.2.5 震后报告地震灾情应考虑哪些因素 …………… 152

3.2.6 如何按程序进行地震灾情速报 ……………… 157

3.2.7 充分利用现代技术,构建地震灾情速报网 ……… 160

4 推进全民动员、共同参与的社会应急管理工作

4.1 建立有效的地震应急机制 …………………… 165

4.1.1 我国地震应急管理工作的发展情况 …………… 165

4.1.2 做好地震应急工作应把握好的关键环节 ……… 170

4.1.3 建立健全城市突发性自然灾害的应急处置机制 …… 176

4.1.4 建立健全应对自然灾害的社会协同机制 ……… 178

4.1.5 基层社会的应急能力是做好应急工作的基础 …… 181

4.1.6 农村有效开展自救互救行动必须克服的问题 …… 184

4.2 全民动员、共同参与地震应急工作 ················· 187

    4.2.1 提高居民的自救和互救能力非常重要 ··········· 187

    4.2.2 防震减灾志愿者在应急救援中能发挥重要作用 ····· 191

    4.2.3 依法推进防震减灾志愿者队伍建设 ··········· 195

    4.2.4 志愿者可参与的主要防震减灾工作内容 ········· 201

    4.2.5 在社区和乡村成立自己的防震减灾志愿者队伍 ····· 203

    4.2.6 志愿者如何开展地震应急救援行动 ··········· 210

5 全民参与防震减灾科普宣传，重视抗震设防

5.1 做好全民地震科普宣传和抗震设防 ················· 215

    5.1.1 地震科普知识宣传的重大意义 ··············· 215

    5.1.2 做好面向大众的防震减灾宣传活动 ··········· 220

    5.1.3 充分认识地震谣传的危害性 ··············· 225

    5.1.4 生活中常见的地震谣言类型 ··············· 230

    5.1.5 利用网络媒体做好地震突发事件的宣传工作 ······· 233

    5.1.6 每个人都可以成为阻碍地震谣言传播的重要一环 ··· 238

5.2 科学组织群众参与抗震设防工作 ················· 240

    5.2.1 "预防为主"的减灾方针需要每个人的热情支持 ··· 240

    5.2.2 科学进行抗震设防与每个人都息息相关 ········· 245

    5.2.3 解决农居抗震问题是群测群防的一项重要工作 ····· 250

1 地震群测群防工作的发展历程和思路

1.1 我国地震群测群防工作的历程和借鉴

1.1.1 1966 年邢台地震推动了群测群防工作的蓬勃发展

我国地震工作尤其是地震预报工作除具有很强的任务性、探索性和社会性外，还具有很强的地方性和群众性。我国地震工作上的群测群防，为成功地预报地震积累了丰富的经验，构成了中国地震工作的一大特色，在地震预报工作中有重要意义。

中国开展真正有意义、系统化、成规模的群测群防工作是 1966 年邢台地震之后开始的。"群测群防、土洋结合"的方针，是由周恩来总理提出的。1966 年 3 月邢台 6.8 级及 7.2 级大地震造成了严重的破坏和损失。邢台地震后，周恩来总理亲临现场，总结邢台地震的经验教训，制订了"预防为主、专群结合、土洋结合、依靠广大群众做好预测预防工作"的方针。在周恩来总理的指示下，群测群防工作在当地轰轰烈烈开展起来，科学工作者们深入乡村，向人民群众广泛地搜集地震前兆，从动物异常、有感小震声、光、电、磁、井水变化等寻找"预报方法"。

周恩来总理在邢台地震灾区

1970 年云南通海 7.7 级地震后，国务院召开第一次全国地震工作会议，根据会议精神和周恩来总理在会上对地震工作所作的重要指示，全国各地开始建立群测群防队伍，开展地震知识的宣传普及和地震预测预报工作。

1972 年，国务院召开第二次全国地震工作会议，再次强调发挥中央和地方两者积极性，实行专业队伍同地方群众队伍相结合。群测群防的正式提出就始于这次会议。此后，逐步形成了全国性的地震群测群防工作系统。实践证明，这个系统是符合当时实际的。

1974 年 6 月 29 日，国务院下达了国发〔1974 年〕69 号文件，向有关七省市批转了中国科学院的报告，推广"以预防为主，专群结合，土洋结合，依靠广大群众，做好预报预防工作"的地震预防指导方针，成为政府下发的第一个地震群测群防的正式文件。国家把邢台地震时总结的大量经验，通过大量的科普图片颁发到城市、农村、工厂、社区，让群众了解到了地震基本常识。千千万万的群众把他们看到的异常情况，反映到政府，再结合专家的观测、群测点的观测，进行综合，终于取得了 1975 年海城地震的成功预报。

1975 年 2 月，辽宁海城 7.3 级地震预报成功，地方群测队伍配合专业队伍在预报过程中发挥了积极作用，国务院通报表扬两个专业地震台的同时，还表扬两个地方地震台和两个群众测报点。这进一步促进了地方群测群防的发展。

1976 年上半年，四川出现了严重震情，省地震部门提出在松潘、茂汶一带可能发生 6 级或 6 级以上地震的趋势预报意见。6 月中旬，大邑、邛崃、天全、宝兴等县出现了一批以地下水变化为主的宏观异常。7 月 20 日前后，沿什邡、绵竹、彭县、灌县、茂汶、安县一带群测点报告，发现大量火球、地光、地下水和动物等宏观异常现象。地震专业人员去到现场进行一一核实，为地震短临预报提供了资料依据。8 月 5 日至 6 日，省地震部门连续召开了绵阳、温江、成都有关地震台、分析预报人员和地震办公室紧急会商会，根据专群近期观测的各种资料和各类宏观异常资料，分析研究后指出：在 8 月份，特别是 8 月 13 日、17 日、22 前后，在龙门山断裂带中南段，茂汶、北川或康定、泸定一带可能发生 6 级或 6 级以上甚至 7 级左右地震。平武地震台根据小震活动在 8 月初起突然平静，以及本台水氡异常等现象，坚持认为发震地点可能在松潘、平武一带。8月7日至10日，青川、北川、安县、灌县、绵竹、彭县、江油、名山、宝兴等30多个县的群测点观测的简易仪器、精密天平仪出现突跳，指针摆动，宏观点发现大批地下水、动物（牛、马、猪、狗、鹿等）异常以及地光、火球和地气等（仅地下水异常就有390多起）。四川省地震部门根据专业台站异常资料和宏观异常分析，认为临震现象明显，震情十分严重，两次紧急报告中共四川省委和国家地震局。8月12日凌晨，四川省防震抗震指挥部、四川省地震办公室紧急电话通知各级地震办公室、各专业台站、群测点及各有关地区立即进入临震戒备状态。绵阳、阿坝等地、州各县采取了紧急防震措施，动员民众迅速撤离到安全地带。8月16日22时06分，松潘、平武间发生了7.2级地震。由于有了前次地震预报经验，专群地震队伍又及时预报了22日6.7级地震和23日7.2级地震。震前有预报和预防，减少了人员伤亡（地震中死亡38人、重伤150余人，抢险救灾牺牲3人）。

从20世纪60年代中国地震群测群防体系的建立到70年代后期，全国群测群防队伍得到不断壮大和发展，唐山地震后，1977年国务院批转国家地震局《关于加强地震预测预防工作几项措施的请示报告》（国发151号文件）要求重点地震监视区的地（州、市）和县建立相应的地震管理机构，列入地方事业编制。为加速地震预测预报系统的建设，要建立巩固群测群防网。

此后，地方地震工作机构和群众测报点大幅增加，群测群防工作达到历史顶峰。到1979年全国已有近10万人的队伍在开展地震群测群防工作。全国共有地、县地震办公室 1344 个，工作人员 6000 余人，群众测报点几万。探索地震监测预报的手段也不断有创新和增加，如：土地电、地应力、土地磁、地倾斜、地温、地下水、地声、水电导、植物电和动物观测等多种地震前兆监测方法和手段。监测主体有学校、企业和科研院所等。同时在地震的多发区成立了地方地震办公室，每个观察点还能得到经费补助，配置简易仪器。这一阶段群测群防工作得到快速发展。

在各地方政府的积极组织下，群众被广泛动员起来，积极参与防震减灾活动。当时，防震教育十分普及，群测群防迅速发展。群众一旦发现异常，随时可以到当地地震部门报告。群测群防不仅丰富了地震预测信息，而且提高了群众的防震减灾意识。

1.1.2　对地震群测群防工作的调整、整顿和提高

由于群测队伍发展过快，分布不均，带有不少的随意性。首先管理工作跟不上，工作效率不高，很不适应科学观测要求。其次是上了一批未经科学检验和论证的观测手段、观测仪器，有的手段项目观测的物理量不清楚，或者是干扰因素太多，不能真正反映孕育地震的信息；有的仪器观测精度低，观测环境不符合要求，降低了观测资料的科学性和可用性；有的仪器观测不正常，资料不连续，时停时记等等。这些问题反映出地震群测群防工作亟待调整、整顿和提高。

1979 年，国发〔1979〕160 号文件明确了划分重点地震监视区

的原则，即：重点监视地震基本烈度（我国地震烈度区划）在Ⅷ度以上的人口较稠密的地区和地震基本烈度在Ⅶ度以上的人口超过50万的大城市、重要电力枢纽、重要铁路枢纽、库容量在10亿已立方米以上的大型水库以及根据地震中长期预报有破坏性地震的地区。根据上述原则，对地、县地震机构和相应的群众测报点进行了调整和整顿。经过整顿和精简，至1980年底，全国地、县地震机构缩减到1200多个，地办人员缩减为5200多人，骨干测报点缩减到5100多个，业余测报人员缩减到2万人。

1983年，根据国务院办公厅《转发国家地震局关于省、市、自治区地震工作机构和管理体制调整改革报告的通知》精神，对全国地、县地震工作机构又进行了整顿和精简。其原则是：地、市、县地震工作机构主要设在多震区和重点监视区；少震区和历史上没有破坏性地震的地区不设机构；地、市、县机关在同一城市者，只设一个机构；设区的大城市，只设市级机构，不设区级机构，北京、天津两市可在市郊的区、县设立机构；地域辽阔、人口稀少的地区不设地、县机构。贵州、广西、上海等11个省、直辖市、自治区的地、县地震工作机构（除个别必须保留者外）建议予以撤销。其余省、直辖市、自治区的地、县地震机构削减1/3以上。

1984年的地震会议做出了对群测群防手段开始进行清理的决定。被称为"三土"的土地电、土地磁、地应力被清理，同时全国业余地震测报人员大幅度减少，群测群防监测队伍减少至1万多人，全国地方地震机构被精简为446个，地办人员减为3162人。

1985年机构改革中，随着市、县地震机构的削弱，群测点进一步大幅度减少。

之后，随着当时国家地震局业务"清理攻关"的不断推进，群测群防观测网点越来越少，一些多年积累的资料和预报经验被淡化消失，由于群测群防失去了组织支持和经费补助保障，坚持开展地震监测预报的人员受环境条件的影响已经寥寥无几，群测群防监测信息和效能已经基本丧失。

20世纪90年代后期，随着我国市场经济的发展，群测群防工作越来越不容乐观，1998年版的《中华人民共和国防震减灾法》，只字未提"群测群防"。

2000年中国地震局曾做了一次调查，发现：全国范围内不同时期建设的群测点，出于经费原因，自生自灭，大多数已停止观测，或已不复存在；一些测报点转为地震知识宣传点；个别群测点通过不断更新仪器设备和补充专业观测技术人员，逐步转型为专业的地震台站。

1.1.3　群测群防在防震减灾工作中占有重要地位

我国地震工作实行中央地震工作与地方地震工作专业队伍同群测队伍相结合的体制和政策。预防为主，专群结合，多路探索是我国防震减灾的基本路径。群测群防的根本含义是群众性的测报和群众性的防御，在防震减灾工作中占有重要地位，发挥着重要作用。

（1）弥补了专业台网和手段的不足

我国幅员辽阔而专业前兆台网密度不足，地方台、企业台和大量的群众观测点弥补了专业台网数量和手段的不足，提高了我国地震的监测预报能力。

当今，国内外地震预报探索的主要方面在于短临预报，而在短临预报尚无确定的前兆指标情况下，只能靠获得比较可靠的数量众多的宏观前兆现象来进行判断。无论是海城地震预报成功，或唐山地震没有能够做出短临预报的例子，都说明了这一点。较为明显和强烈的短临前兆现象，一般分布在震源区及其邻近相当广阔的地区，而且因为种种原因使得分布极不均匀；有些短临前兆，尤其是宏观前兆现象的出现在时间上较为短暂。这样，靠有限数量的专业台站，有时捕捉不到短临前兆或者数量甚少，使地震短临预报发布者难以判断和下决心，而贻误良机。

地区性地震观测网点和懂得地震知识的群众由于面广、量大，在分布上包含着专业台站控制不到的特殊有利区域、熟悉观测环境条件拥有专业的和探索性的观测手段比较多，能够获得较专业台站丰富得多的信息量。因此，群测群防队伍在地震短临预报中发挥着专业队伍难以替代的作用。

（2）在紧急情况下能带动周围群众做出应急响应

临震异常发展急速，有的只有一两天，甚至只有几小时。唐山地震没有做出预报，但在地震即将降临时，有许多人感觉到了异常。有的听到四周响起"呜、呜"的声音，有的感觉是老牛在吼叫，有的看到雪亮的闪光。如何在短暂的时间内核实异常，并做出应急反应，要充分依靠群测群防。

唐山地震发生时，正在震区行驶的列车，由于铁路突然变形和受到巨大震动，先后有七列列车脱轨。然而，从北京开往旅大的129 次直快列车，刚驶过唐山东北古冶车站后，正以每小时 90km的速度奔驰。突然，漆黑的夜空闪出耀眼的光束，并在夜空中留下蘑菇云雾。由于司机曾经历过 1966 年邢台地震，他意识到可能发生地震，当机立断，拉了非常制动闸，使列车停了下来，避免了伤亡。

（3）宣传普及地震知识的有力助手

群测群防活动是宣传普及地震知识，提高全民防震减灾意识的重要方式。无论是建立在广大农村、工矿企业，还是建立在学校、机关事业单位的群测群防点，在完成观测任务的同时，也会成为宣传普及地震知识的重要场所。各学校、社区、企事业单位开展的科普知识宣传、应急避震和自救互救演练等活动，不仅让参加者受益，也会对全社会防震减灾意识的提高和公民应急避震能力的普遍增强等产生积极影响。

1.1.4 专群结合、综合防御是我国防震减灾对策的特色

要想做好群测群防工作，必须全面了解我国的防震减灾对策，并积极倡导和发动每一个单位、每一个部门，乃至每一个社区、每一个居民，做好自己力所能及的相关工作。

地震属于自然灾害，人类还没有能力阻止地震的发生，也不能对地震进行精准的预测预报，只能做好预防，将灾害损失降至最低，地震发生后能够积极面对，做好抢险救灾工作。

《中华人民共和国防震减灾法》规定，我国防震减灾的指导方针是"预防为主，防御与救助相结合"。政府重视、预防为主，防御与救助相结合，多路探索，群防群测，专群结合，依靠科技、依靠法制，走综合防御的道路，是中国特色的防震减灾对策的要点。

（1）做好地震区划，科学预防震害。

地震区划是预测地震灾害的方法，它是将研究地区根据发生地震的概率和地震强度进行区段划分，将地震多发区作为重点研究预防对象。地震区划越准确，对地震的预测越准确，带来的防御减灾效果越明显。

地震区划也是城市建设的指南，对于地震发生几率大的地区应降低城市化建设，增强城市抗震设防，尽可能选择地质稳定的地区进行城镇建设等，这样能有效降低地震带来的经济损失和人员伤亡等。

（2）提高地震预报的管理和决策，加强短、临地震的预报水平。

做好地震预报，能有效地降低地震灾害，尤其是短、临地震的预报，更是减少损失的关键。短、临地震的预报难度很大，难免会出现漏报、虚报的情况，社会各界都应给予理解和帮助。地震预报必然带来大规模、大范围的社会行为，需要国家和各级政府的大力支持以及普通民众的配合，井然有序地做好预防，即使预报出现失误，也应避免混乱，以免造成不必要的损失和伤亡。

（3）加强城市建筑物的抗震性能。

我国居民大多数的活动都是在建筑物内进行，因此，加强建筑物的抗震设计和抗震强度，有助于降低地震引起的人员伤亡和财产损失。根据我国国情的实际情况，建设资金有限，应从实际出发，按照"突出重点，兼顾一般"的原则，做到有规划、有重点地抗震设计建设。

经济发达的城市，生命线工程复杂，在一定程度上削弱了城市结构。一旦发生地震，伴随而来的其他灾害更多更严重，因此，加固城市建筑物结构，尤其是工矿企业、要害部门建筑的整体性和结构强度，对地震防御和减少震灾具有十分重要的作用。

（4）加强宣传，提高全民总体防灾意识和防灾能力。

加强宣传，提高全民总体防灾意识和防灾能力是具有战略性的防灾途径。个体和社会群体的防灾能力是防御城市地震灾害的关键因素。全民都应具有较强的防灾意识和防灾能力，这有利于地震时采用自卫、互救等方式降低地震危害。

1.1.5　日本在群众性防震减灾工作方面的有益探索和宝贵经验

"地震群测群防"是在防震减灾工作中具有中国特色的一个概念，在国外很难找到与它完全相同的提法。但在日本、美国、俄罗斯等国都在开展类似活动。特别是日本，由于自古以来就是一个地震多发国家。所以，在防震减灾工作方面，群众性的理论研究和实践活动都做得有声有色。日本在群众性防震减灾工作方面的有益探索和宝贵经验，对我国的群测群防工作也具有一定的指导意义。

（1）日本政府非常重视防灾减灾工作

政府非常重视依法开展防灾减灾工作。日本于 1961 年开始实施《灾害对策基本法》。该法律的内容包括防灾组织、防灾计划、灾害预防、灾害应急对策以及灾后重建等各个方面，确立了中央和地方政府以及其他公共组织共同防御地震等灾害的体制，明确了这些组织的责任，规定了在进行制定防灾计划、灾害预防、灾害应急对策以及灾后重建时实施的财政金融措施，以及其他必要的应对灾害的基本措施，全方位、有计划地推进了日本的防灾对策。此外，还陆续出台了与地震相关的《大规模地震对策特别措置法》、《灾害救助法》、《灾害对策基本法》、《地震保险法》、《地震财特法》、《地震防灾对策特别措置法》等多部法律法规。这些法律法规有力地保障了日本防灾对策的有效实施。

在日本各级政府的重视下，在法律制度的调控下，经过50多年的防灾宣传教育，营造了日本全体民众对防震减灾各项工作高度重视和积极实践的良好氛围。

日本防震减灾的实践证明，政府对防震减灾的重视，唤醒并强化了更多民众的防震减灾意识和自救互救技能，并将日本的防震减灾工作纳入了法治化轨道。而权威的法律不仅成为指导防震减灾、抗震救灾的依据，还避免了由于政府部门责任失位、隐瞒灾情而造成的损失，同时也保障了公众的知情权。这就造就了日本良好的全民参与防震减灾氛围。

（2）日本民众防震减灾的忧患意识十分强烈

地震多发的严峻形势伴随着政府持之以恒的防震减灾宣传教育，造就了日本民众防震减灾的强烈忧患意识和较高的防灾素质。日本儿童从幼儿园起就开始接受防灾常识及应急避险训练，有关自然灾害的教育是中小学的必修课，在学校教育中非常注重对防灾知识的传授。平时向社会公众宣传地震注意事项、自救互救常识、列出应急物品清单及储备物品清单，做到有备无患。许多城市的防灾机构还专门印制了日文、英文、中文、韩文及西班牙文的地震自救互救小册子及防灾救灾指南，供不同人员学习。

有关自然灾害的教育是日本中小学的必修课

日本的地震应急设施，大到发电机、水处理设备、淋浴房、自救互救器材，小到手电筒、毛巾牙刷等，都一应俱全。日本市民还可以直接到当地防灾中心进行三维地震动模拟体验，真正感受地震时地面及房屋的摇动情况。各个宾馆、饭店和高层建筑房间及通道都备有应急电筒及救身绳一类的紧急救身器材，伸手可及，以备人们在遇到地震等灾害时自救。

在日本，基本每户都配置了家用地震观测计，人们的防震意识已经渗透到了生活中的方方面面。比如，为了防止家里稍高一些的家具在地震时倒下来砸伤、砸坏人或物，都有专门把这些家具与墙壁或天花板固定的装置。在摆放音响、电视或一些容易损坏的工艺器皿等时，在其四角处都有可以专门固定防滑的胶皮垫。

（3）定期开展应急演练是日本防震减灾的一项日常工作

为了应对地震发生后有可能会引起的火灾、水灾、瘟疫、断水、断电、交通瘫痪、人为恐慌和社会骚动等，日本各地、各部门和各个单位普遍都在灾前制定有应急预案，定期进行应急演练，不断提醒人们的忧患意识、提高民众的自救互救技能和对突发灾害的理性应对素质，实现了"安定社会、稳定人心、规范秩序、高效防灾"的防震减灾目标。

日本的这些做法是非常值得我们借鉴的。

1.2 新时期的群测群防工作

1.2.1 新时期群测群防队伍应承担的任务

我国地震工作方针要求预防为主，即以减轻地震灾害为目的，做好预测预防工作；同时指出了达到这一目标的途径：专群结合，依靠群众。群测群防工作应全面贯彻这一方针。增强社会防震减灾整体能力，是有效防御和减轻地震灾害的根本措施。增强全社会的防震减灾整体能力，必须全面推进防震减灾工作的开展，必须依靠社会、动员社会共同参与。

防震减灾工作包括地震监测预报、地震灾害预防、地震应急救援、地震灾后过渡性安置和恢复重建等各个环节。这些工作的全面开展，涉及社会的方方面面，需要全社会采取协调一致的行动和长期不懈地坚持，需要而且也只能在政府的统一领导下、各部门密切配合、全社会大力支持才能完成。

因此，从《中华人民共和国防震减灾法》到相关法规，对加强群测群防工作都提出了明确规定。比如，《北京市实施〈中华人民共和国防震减灾法〉规定》指出："区、县人民政府应当建立健全防震减灾工作机构。乡镇人民政府、街道办事处应当明确专人负责防震减灾工作。""专人负责"就是要配备职责明确、长期固定、专司负责本辖区防震减灾工作的人员。有条件的区、县，要下达防震减灾专项编制，配备防震减灾专职工作人员，切实加强防震减灾基层工作，真正做到有部门管、有专人干。

乡镇和街道是我国最基层的行政机构，连接着城市和农村，在农村乃至整个国家经济社会发展中发挥着重要的基础性作用，是党和政府联系人民群众的纽带。以北京市为例：北京市共辖14个市辖区、2个县，乡镇级区划数为317个，共有135个街道办事处和182个乡镇。乡镇和街道是最基层的一级政府。这个层面的防震减灾工作直接关系到人民群众的生命财产安全和经济社会安全发展，事关社会稳定。因此，扎实深入的开展防震减灾工作，必须强化基层，夯实基础，以乡镇、街道为主要抓手。乡镇人民政府、街道办事处从编制、经费等方面提供基本的工作保障，指派防震减灾专职工作人员，全面负责乡镇、街道的防震减灾工作，适合北京市防震减灾工作实际，不仅非常必要，而且对于防震减灾事业的健康稳定发展具有十分重要的战略意义。

几十年的防震减灾工作实践充分证明，群测群防工作在减轻地震灾害方面的确发挥了不可替代的重大作用。只有做好基层工作，让广大群众积极参与防震减灾实践活动，充分发挥集体智慧，才能争取社会的理解和支持，才能共同做好防震减灾工作。

在群测群防队伍刚建立的 20 世纪 60、70 年代，群测群防工作主要任务是配合专业队伍做好地震测报，宣传以地震前兆知识为主要内容的地震基本知识。随着时代的发展，群测群防工作内容也由过去的"三土"观测，发展到了现今的"三网一员"建设，现代的群测群防队伍所承担的任务也有了新的发展。

（1）地震宏观前兆观测。

地震的孕育过程是一个应力应变长期积累的过程。在这个孕育过程中，就会引起一些动物、植物、气象、浅层地下水等异常反应。群测群防工作人员是在日常工作中，将群众观察、收集到的异常现象进行调查、核实后及时上报，这一工作可以充分发挥群众智慧，调动群众力量，也为大量异常资料进行综合分析判断提供了依据。

（2）防震减灾宣传教育。

防震减灾宣传教育作为减轻地震灾害的非工程性措施，是防震减灾工作的重要组成部分。宣传的目的是要提高全社会的防震减灾意识和能力。我国广大农村是防震减灾的薄弱地区，群测群防队伍分布广，遍布基层，宣传的时间较为自由，形式可以多样，场所条件要求不高，街头巷尾皆可行，有利于把防震减灾知识宣传大众化、经常化。

（3）震情和灾情速报。

震情速报是将地震发生时间、震感、有感范围、人们的反应等情况快速判断上报；灾情速报是将地震发生地点范围及人员伤亡、房屋等设施破坏、群众财产损失以及群众情绪等社会影响情况核实准确上报，两者是政府决策和实施紧急救援措施的依据。因此，速报必须体现"快"和"准"。

处于灾区的震区群测群防员最先感知震情和灾情，他们可在不同地点对当地震情、灾情做出较为直观地判断，并将情况及时上报，有利于政府部门在短时间内收集、汇总各种信息，做出科学决策。

（4）应急救援现场组织、引导。

地震灾害现场有可能人员伤亡严重，被埋压人员众多，情况复杂，早期救助对抢救生命、减少伤残和死亡具有关键性作用。当破坏性地震发生后，在专业救援人员没有到达之前，第一时间迅速组织自救互救十分关键，可以最大限度地减少人员伤亡，也是最直接、最快捷、最有效的减灾方法之一。群测群防队伍是抗震救灾队伍中一股重要的力量，其与官方的专业救援队相比，具有分布广、数量多、行动快及熟悉环境等方面的明显优势，常常可以成为震区紧急救援的骨干力量，组织群众迅速开展有效的救援活动，挽救人员生命；组织人员紧急疏散，维护震区社会秩序，防止灾害扩大；在专业救援队伍到达时，作为引导员，引导专业救援队伍进行抗震救灾。

（5）地震安全农居技术指导和推广。

历次地震灾害表明，不设防的农村是地震灾害的重灾区。地震所造成的灾害损失，有 80% 是由于建筑物倒塌造成的。近年来，党中央、国务院对农村民居地震安全地震安全都很关注。各省市都相继在本辖区内进行了试点，取得了明显成效。但作为量大、面广的农村，要逐步开展农村民居工程还需要不懈努力，必须不断加强群测群防队伍的专业知识技能水平。这样群测群防队伍才能深入引导、推广地震安全农居建设，承担起农居工程的指导任务，充分发挥群测群防的作用。

1.2.2　新时期地震群测群防工作存在的问题

地震群测群防是 20 世纪 60 年代中期产生的一个新概念。从科学的观点看，一种理论、一种方法，很难在短短五十年时间内成熟、完善，甚至一个基本概念的界定也需要不断的完善。对于地震群测群防，至今仍存在着较多争论。群测群防的主体怎样组织，群测群防工作最多能承担哪些职能，政府在群测群防工作中应该发挥哪些作用，政府应该怎样领导和支持群测群防工作，等等，这些都是仍须从理论和实践两个层面进行深入研究的问题。

（1）群测群防工作在理论方面存在的问题。

近五十年来，一些主流性的观点认为，专群结合是我国防震减灾的特色之一，群测群防作为防震减灾工作的重要组成部分，在地震预测预防工作中具有不可替代的作用。这些观点，曾多次被写进我国地震工作方针。但是，一个显然的判断是，地震群测群防工作是整个社会管理大系统中的一个子系统。于是，不仅该子系统的结构、功能、支撑等亟需明确界定，而且外部环境近几十年来的快速变化对子系统的原有结构产生的影响，也必须进行科学的评估。

地震群测群防理论体系的不成熟，理论认识某种程度的偏颇，管理机制和运行机制的不健全，政府和公众的防震减灾意识淡薄，公众对地震灾害的心理承受能力和防震减灾技能水平低下，各级政府在大型灾害的应对和指挥方面缺少实践训练等等，这些都会影响群测群防工作的开展和效果。另一方面，社会对群测群防工作的重视程度已远不如从前，这是也是阻碍地震群测群防工作开展的一大因素。

（2）群测群防工作在实践方面存在的问题。

纵观地震群测群防工作的发展历史，曾经有过一个轰轰烈烈的阶段。然而，理论研究欠缺，重视程度不够，导致群测群防工作的实践活动存在诸多问题，主要表现为：

一是地震群测群防纵向不成体系，横向缺少联系。导致群测群防工作缺乏统一规划和统一管理，群测点的设立不够合理，维护和使用也不够规范。

二是群测群防工作不够规范。管理工作没有制度化、规范化，缺乏有效激励机制和长效机制，造成某些地方的群测群防工作或一哄而上，或销声磨迹，非常不稳定。

三是群测群防队伍专业素质低下，队伍不稳定。观测员绝大多数没有经过专业培训，观测指标的系统性和可比性均较低，群测资料种类凌乱，技术含量低，给群测资料的统计分析工作带来极大难度，严重降低了群测资料的利用率。此外，队伍也不够稳定，影响了相关资料的连续性。

四是群测群防仪器设备陈旧落后、维护困难、更新乏力。除少数经济发达地区，由于政府投入，为群测群防观测点更新了部分观测仪器外，大部分地区的群测群防点观测仪器陈旧落后，信息化、数字化水平均很低，维护困难，并更新乏力，到了难以维持的地步，严重影响着观测资料质量和地震群测群防工作的效果。

五是政府重视程度不够，经费投入不足，导致测群防工作步履维艰。到目前为止，我们尚没有出台相关政策法规用于规范和鼓励群测群防工作，甚至对群测群防工作"干什么、怎么干"的问题还未界定清楚，从而缺乏有效的管理。

（3）社会发展及机制变化所带来的问题。

地震群测群防工作起源于计划经济年代的一个特定时期，计划经济体制可以通过计划指令划拨经费支撑各项社会公益事业。然而，中国社会已经进入了市场经济新时期，无论是社会体制抑或是人们的思想观念都产生了巨大变化。

防震减灾本是一项社会公益事业，在市场经济条件下，它面临着严峻挑战，因为它不能直接创造效益，亦无法使从事群测群防工作的单位和个人依靠自身努力来解决经费问题，致使从事群测群防工作的单位和个人没有积极性，观测人员基本上是尽义务，有的群测点已无法维持正常工作，严重制约了群测群防工作的健康发展。

1.2.3 "三网一员"建设使群测群防工作重新焕发活力

2000 年，时任国务院副总理的温家宝同志在唐山召开的全国防震减灾工作会议上强调，"要认真研究新形势下如何开展地震群测群防工作，进一步发挥群测群防在防震减灾，尤其是在地震短期和临震预报中的作用"。

2004 年 9 月，国务院印发《关于加强防震减灾工作的通知》，要求各地要根据社会主义市场经济条件下的新情况，研究制定加强群策群防工作的政策措施。积极推进"三网一员"——地震宏观测报网、地震灾情速报网和地震知识宣传网的建设，在乡镇设置防震减灾助理员，形成"横向到边、纵向到底"的群测群防体系。

2005 年 2 月，中国地震局印发了《地震群测群防工作大纲》，要求各级地震部门高度重视、切实加强地震群测群防工作，建立稳定的经费渠道，确定相关员岗位津贴发放标准，稳定工作队伍；制定群测群防网络建设方案和管理办法，强化指导，使群测群防工作逐步规范化、制度化。

2008 年 5 月 12 日汶川大地震发生后，全国对群测群防的认识再一次高涨起来，认为当地宏观监测点的减少是造成这次灾难不可忽视的一个原因，国家也随之在 2008 年 10 月修改了《中华人民共和国防震减灾法》。国家以法律的形式，对曾在 20 世纪 80 年代遭到清理的地震群测群防工作予以肯定，并将其纳入国家地震监测和预防体系。《中华人民共和国防震减灾法》第八条规定："国家鼓励、引导社会组织和个人开展地震群测群防活动，对地震进行监测和预防。"第三十条规定："地震重点监视防御区的县级以上地方人民政府负责管理地震工作的部门或者机构，应当增加地震监测台网密度，组织做好震情跟踪、流动观测和可能与地震有关的异常现象观测以及群测群防工作，并及时将有关情况报上一级人民政府负责管理地震工作的部门或者机构"。

2010 年，《国务院关于进一步加强防震减灾工作的意见》（国发〔2010〕18 号），重申要加强群测群防工作。各地方政府也积极响应，相继出台地震群测群防方案和意见。有的省、市提出，每个县（市、区）至少建立 1 个群测骨干点，地震重点监测防御区的县（市、区）至少建成 2 个群测骨干点，配备专业设备，保证每天报送数据；每个乡镇和远离主城区的街道办事处至少选择 1 个深水井或水产、畜禽养殖场等作为固定的宏观测报点；乡镇政府、街道办事处要明确一名负责同志分管地震工作，选择一名责任心强的干部兼任防震减灾助理员，具体负责组织、管理和指导地震群测群防工作；村委会、居委会明确一名防震减灾工作联络员，落实好地震灾情速报、地震科普宣传、地震应急准备等工作。

随着国家和地方的高度重视，地震群测群防工作又有了回暖的趋势。近年来，各地持续推进社会力量参与防震减灾，目前全国防震减灾助理员人数近 7 万人，灾情速报员人数达到 26 万余人，充分发挥了中国防震减灾工作"群测群防"的优良传统，一定程度上弥补了基层灾情获取和微观观测手段的不足。

1.2.4   群测群防也要与时俱进，转变观念

群测群防曾对我国防震减灾工作做出不可磨灭的贡献。如今的社会与 20 世纪 60、70 年代大不相同，现在已经不可能，也不应该简单复制当年的群测群防模式。随着时代的发展，群测群防也要与时俱进，转变观念，结合我国当今社会的新特点，探索群测群防新的形式和做法。

（1）转变观念，提高认识。

我国地震工作，尤其是地震预报工作除具有很强的任务性、探索性和社会性外，还具有很强的地方性和群众性。各级政府应充分认识群测群防工作的重要性和必要性，发挥群测群防在地震短临预报、地震灾情速报和防震减灾科普知识宣传方面的作用。决不能因为地震发生频率低而麻痹大意，要始终坚持"宁可千日无震，不可一日不防"主导思想，努力提高广大群众的群测群防意识，积极营造群测群防的大环境。

（2）坚持走"专群结合"路线。

在对待地震预测的工作方法上，政府应坚持"从群众中来，到群众中去"的方针。"从群众中来"就是各级政府主管部门在地震预警机制中应广泛收集专家与群测点的微观预测意见，并利用群众的力量收集可供临震预报的宏观异常现象，综合分析后作出科学决策。"到群众中去"，就是将政府在地震预测预防方面积累的经验与知识向群众积极宣传教育，提高群测群防的整体水平，发挥其重要

23

作用。

对于地震预报，我们无疑要信赖专家，依靠专家，但是也应该听取群众的意见，汲取群众的智慧，欢迎群众的参与。在地震预报科学水平有限的情况下，充分发挥各社会群体的作用，发动专家与群众相结合提供地震预测信息，走依靠专业人员和群众群测群防相结合的路线，中国"预防为主，专群结合"的宝贵经验不能丢。

（3）加强震情监视，狠抓短临预报。

地震预报中，具有关键性意义的是短、临预报。如果只有中、长期预报意见，但做不出短、临预报，那就收不到预报的实际效果，达不到减轻地震灾害的目的。唐山地震的教训充分说明了这一点。

在中、长期趋势预报意见的背景下捕捉较大范围内的短临前兆，正是群测群防的优势。因此，配合专业队伍对本区破坏性地震提出短临预报依据，是群测群防的重要任务。

几十年来，多震区积累的短临预报的经验教训十分丰富。为在短临预报中更好地发挥作用，许多地方试行观测规范，开展资料质量评比活动，是提高观测质量的可行办法。

为及时掌握情况，做出判断，应建立数据资料的报送和收集处理制度，坚持会商制度。各地应因地制宜地创造各种加强震情监视的好办法，特别注意对各种宏观异常的观察和收集。

（4）加强科普宣传，坚持预防为主。

做好群测群防工作的重要前提是全民参与。要通过政府号召鼓励及宣传教育等多种形式唤醒每个民众的防震减灾意识，增强全体民众防震责任感，提高全社会成员的宏观异常信息识别能力、自救互救能力和遇灾时的心理适应能力。

宣传普及地震知识和防震抗震常识是群测群防的又一重要任务。

海城地震前，由于地震知识的普及，群众向地方有关部门报告了大量宏观异常，对海城地震的成功预报起了重要作用。

地震预报能给人们提供有价值的信息，但地震仍然不可避免，若无相应的预防措施，仍要遭受严重损失。在地震预报水平还很低的情况下，更应做好各项预防工作。为此，需要解决许多问题，如：在震情发展的不同阶段，特别在短临阶段，或在突然袭击的情况下，应采取什么预防措施？城市怎么办？农村怎么办？如何防止次生灾害？哪些危险建筑需拆除或加固？怎样保卫城市的能源、水源、交通运输、通讯联络？对危险品应采取哪些安全措施？如何组织群众撤离疏散等等。

地震群测群防队伍生活在群众之中，最了解当地的具体情况，因而也就能提出切合当地实际的防震措施。

（5）着眼于实际，尽量提高档次。

全社会大规模义务开展群测群防工作的时代已过去，这样的工作模式现在实施起来是不可能的。在市场经济高度发展的今天，要做好群测群防，做好"三网一员"体系建设工作，必须要从本地实际出发。比如，宏观监测网布局，要考虑本地的地震构造背景；对于兼职群测群防人员，如果财政预算有限，观测点在满足工作需要基础上，要控制好规模，确保有限经费能够维持观测网正常运转。根据情况，要对地震宏观监测网适时进行优化组合，淘汰一些效果差、观测项目单一的观测点，新建一批投入少、效果好、易维护的观测点。

比如，许昌市选择规模化养殖场作为宏观前兆试验场。合理选择地震反应较为灵敏的动、植物等前兆观测项目。他们还利用全市科技专项经费，根据群测群防工作需要，为宏观测报员配备了测量工具、计算机、音箱等设备，免费开通互联网功能，大大提高了数据上报时间及准确率，为远程回答群众提出的有关防震减灾咨询和防震减灾科普宣传、推销、宣传农产品提供了有利的平台。目前，每一个测报点观测有项目、办公有场所、宣传有内容，宏观测报点信息化和网络化程度逐步提高。

（6）借助其他部门优势和基础资源。

2008 年新修订的《中华人民共和国防震减灾法》第 8 条明确规定："任何单位和个人都有依法参加防震减灾活动的义务。国家鼓励、引导社会组织和个人开展地震群测群防活动，对地震进行监测和预防。国家鼓励、引导志愿者参加防震减灾活动"。再一次强调了防震减灾工作是依托社会力量、全民参与的一项工作，群测群防工作无疑发挥着极其重要的纽带作用。山东省在防震减灾工作中，就是将群测群防建设作为基础，强化社会参与度，将其作为防震减灾社会化网络建设的一部份。

防震减灾是全社会的共同责任。山东省各级地震部门主管广泛动员社会力量，积极参与防震减灾工作，使防震减灾逐步成为全社会的自觉行动。广大人民群众既是防震减灾的服务对象，也是防震减灾的重要力量。政府相关部门认识到群测群防工作是社会公众参与防震减灾事业的有力纽带，是加强防震减灾宣传教育、普及地震科学知识、增强防震减灾意识、提高地震灾后自救互救能力的有效途径。东营、烟台、威海、枣庄、潍坊、临沂等市地震局，打破地震部门独自开展地震群测群防工作的局限，联合环境监测、水文地质、畜牧养殖、海洋渔业水产等部门，借助部门优势和基础资源，真正把群测群防工作落实到了全民化这一重要特性上来。

（7）完善制度，规范群测群防工作。

为确保宏观观测数据准确、及时、连续、可靠，首先，要对本地区宏观监测点实行日常运行制度化、规范化管理，统一编号，统一制作标志牌；建立健全了宏观观测点数据档案，制定《宏观观测员考核办法》；要求信息报送必须准确、及时、连续、可靠，将测报数据质量、信息反馈速度与每月的测报补贴挂钩，年终进行综合评比。其次，要制定和完善相关制度，比如《群测群防工作管理制度》《地震前兆宏观异常观测制度》《灾情速报制度》等。最后，要加强对测报员的思想教育和工作责任教育，实行奖惩制度，要求测报员及时、准确地利用网络报送观测资料，并定期或不定期检查和指导基层测报员工作，发现问题及时纠正。

（8）注重培训，不断提高群测群防队伍业务水平。

按照新时期防震减灾工作赋予群测群防工作的任务，要加强群测群防队伍地震基础知识、地震宏观异常分析、识别、震情灾情速报内容、速报程序、防震减灾宣传内容、宣传原则、宣传方法；地震谣言识别、平息、房屋抗震知识和相关标准等内容的培训，不断提升群测群防队伍素质，为切实做好群测群防工作奠定基础。

1.3 扎实推进群测群防工作

1.3.1 明确群测群防工作组织管理的思路

推进群测群防工作的总体思路是：以推进大城市防震减灾工作为重点，带动其他地区的工作；对经济发达地区与经济欠发达地区、地震重点监视防御区与一般地区、大城市与中小城市、多震区与少震区、震情紧张时与平时，实行分类指导。

把握做好群测群防工作的要点：一要做好地方政府领导关心的工作——震情、灾情、应急准备；二要抓住机遇，稳定机构——用立法、"三定"或其他途径来明确职能和机构的规格名称，逐步统一；三要强化行政管理——在执行国家、省级有关法规、规章的同时，制定相应的实施细则或管理办法，依法行政，推进防震减灾工作；四要加强自身建设——加强学习和培训，不断提高业务、管理、政策水平，树立良好的行业形象。

根据以上总体思路和工作要点，群测群防工作组织管理的具体思路是：

（1）确立和发挥各级主管部门的作用。

各级政府防震减灾主管部门对群测群防工作都有相应的责任，要强化上级主管部门对所属部门和地区的群测群防工作的领导。群测群防工作是县（市、区）地震工作机构的主要职责之一，县（市、区）地震工作机构要发挥主管部门作用，因地制宜，积极稳妥地推进群测群防网络和队伍建设。开展群测群防工作是乡（镇）、街道等基层组织的重要责任，乡（镇）政府、街道办事处应当将开展群测群防工作列入议事日程，定期部署和检查，抓紧抓好。

（2）强化群防职能，建立健全群防网络。

在新时期的市场经济条件下，要坚持"测防结合、平震结合、以防为主"的思想，加强群测网点的群防职能，稳定群测群防队伍。

群测群防工作不宜再一哄而起，遍地开花，而应根据不同地区震情、灾情的特点，建立不同规模的群测群防网络。在多震区和地震重点监视防御区，采取群测和群防并举，保留一些测报效果好、观测条件稳定的测报点，同时建立群防网络，开展地震异常观测、震情灾情速报、防震减灾宣传和地震应急准备、指导和示范民居抗震设防安全等工作。在少震、弱震地区，群测群防工作主要以群防为主，建立群防网络，主要任务是宣传防震减灾知识，指导和示范民居抗震设防安全工作，震时兼搞灾情速报工作。

（3）建立防震减灾联络员制度。

应当推进在各乡（镇）设立防震减灾联络员制度的工作，由防震减灾联络员组织联络，建立地震群测群防网，统一承担地震异常观测、震情灾情速报、防震减灾宣传和地震应急准备、指导和示范民房抗震设防等职责。

在多震区和地震重点监视防御区城市，应当推进在社区设置防震减灾联络员（助理员），建立志愿者（人员）队伍，开展防震减灾宣传和地震应急准备。

地震部门应当制订防震减灾联络员（助理员）目标管理制度、培训制度和奖励制度，确保每年至少举办一次联络员（助理员）培训班，并开展评比工作，对工作突出的要给予适当奖励。

防震减灾是国家公共安全的重要组成部分，这就要求我们的工作必须面向社会、面向经济建设，履行好社会管理和公共服务职能。县（市、区）地震工作机构直接面向基层，承担管理社会的职责，防震减灾工作的好坏将直接关系到国家防震减灾事业的发展和地震行业的形象。要切实转变观念，建立适应当前经济社会发展需要的工作机制，实现从内部管理到行业管理的转变、从业务管理到社会管理的转变、从部门推动到社会联动的转变、从工作体系建设到防震减灾能力建设的转变，形成政府统一领导、部门通力合作、社会广泛参与的良好局面。

（4）切实加强对群测群防工作指导。

对地震群测群防工作的指导途径，主要通过部署任务、检查、调研、文件、会议等方式进行指导。

部署任务，是根据当前国家防震减灾工作的中心任务和工作目标，明确年度工作的要点，使各级地震工作机构了解和掌握现阶段的工作重点，以便上下形成合力，推进群测群防工作。

检查，了解各地推进工作的进度，查找存在的突出问题，起到促进工作、解决问题的作用。

文件，是上情下达、沟通情况的主要手段。通过文件，传达国家防震减灾方针政策、工作安排，使群测群防工作符合政策，符合社会需要，符合相关规范。

通过调研，可以了解各地群测群防工作的发展状况和存在问题，与地方政府沟通思想，解决群测群防工作中的具体问题。

会议，是布置工作、交流经验、沟通情况的有效方式。通过会议，使群测群防工作人员正确理解和把握国家政策、相互交流学习各地先进经验、沟通和增进了上下的感情，促进各地的工作。

1.3.2 为群测群防工作正常开展提供保障措施

要想推动群测群防工作正常开展，并且在防震减灾工作中发挥应有的作用，仅仅有良好的愿望是不够的，必须要采取积极有效的行动，为这项工作的顺利开展提供必要的保障措施。

（1）各级政府的大力支持。

《中华人民共和国防震减灾法》规定，各级人民政府应当加强对防震减灾工作的领导，组织有关部门采取措施，做好防震减灾工作。群测群防是防震减灾工作的重要组成部分，做好群测群防工作也是各级政府的职责。

我们在群测群防网络体系的建设和运行中，应当借鉴其他行业和部门的成功经验，争取将防震减灾及群测群防工作纳入各级政府的目标管理责任制中，加大管理力度，促进群测群防工作健康持续发展。各级地震部门在短临预报工作中协助当地政府组织防震抗震工作。

各级政府必须将地震群测群防工作纳入政府工作的议事日程，在制定政策、经费预算、市政规划、行业标准的制定和执行等方面，充分考虑抗震减灾和群测群防工作。政府应为群测群防工作提供宣传平台，利用互联网、报纸、电视、广播、图书、挂图、宣传页、公益广告牌等多种媒体进行防震减灾和地震科普知识宣传。

基层政府应定期组织各种地震应急演练。县级以上政府必须协调相关职能部门积极配合抗震减灾工作，严格执行如建筑物抗震能力、乡村民舍抗震能力等相关行业标准，采取各种措施增强全社会的抗灾能力。

各级地震部门或防震减灾主管机构必须因地制宜，科学规划，积极做好群测群防网络和队伍建设，主动寻求相关职能部门的配合，做好指导和示范民房抗震设防工作，推进社区设置防震减灾联络员，建立骨干观测员队伍和志愿者队伍，开展地震宏观异常观测、震情灾情速报、防震减灾宣传和地震应急准备。

总之，各级政府必须大力支持地震群测群防工作，各级防震减灾主管部门必须充分发挥组织协调作用，既注重建立健全科学高效的激励措施和机制，调动群测群防骨干队伍的主观能动性，还要充分利用最新科学技术手段，最大限度地挖掘并运用地震群测群防的深层信息和规律。

（2）加强组织领导。

各级政府、部门单位要成立群测群防网络建设小组，并设立办公室，明确职责，建立配套的管理制度、工作程序和科学运行机制。乡镇政府（街道办事处）要指定一名负责同志分管地震工作，选择一名责任心强的干部兼任防震减灾助理员，具体负责地震群测群防工作，居委会（村）要指定 1～2 人为群测群防联络员，主要开展地震宏观异常观测报送，防震减灾法律法规和抗震知识宣传，地震应急准备等工作。

（3）大力推进资源共享。

防震减灾是全社会的共同责任，各级财政、规划、国土资源等部门要进一步加大对地震群测群防工作的支持力度。各行业、各部门和社会力量要大力支持地震群测群防工作的开展。要有效依托和整合各方面资源，充分发挥环境、水文、地质、养殖等现有资源和行业优势，搞好地震群测网点的建设、数据收集等工作，努力降低管理成本，提高观测效益。

（4）组织落实，认真选人。

要保证地震群测群防工作发挥作用，必须建立起稳定有效的工作机制。首先要从组织上落实好人员，以人为本，有了高素质的地震群测群防人员，相关工作才能水到渠成。组织不落实，其他一切事情无从谈起。有关地震群测群防人员的选择配备，必须在街道、乡镇党委分工中明确下来，落实到纸面上，不能因为干部的交流、岗位变动而受到影响。如果只停留在口头上，一旦出了问题责任就不清楚，容易打乱仗。这件事要从上面抓实，如果街道、乡镇党委如果对此不热心、不配合、不支持，可以通过组织部门沟通，形成一个永久性的制度，正式纳入干部职责分工中去。为了真正发挥应有的作用，地震群测群防人员一定要选择有文化、有事业心、甘于为群众服务的人，绝不能随意用人顶数。

（5）切实保障地震群测群防工作经费。

群测群防测报人员数量多、分布范围广，测报人员的工作补助经费，是群测群防工作开展过程中不可避免和忽视的问题。既要强调群测群防工作的公益性特点，使测报人员履行依法参加防震减灾活动的义务；又要多方面努力拓宽群测群防工作经费渠道，保障异常落实、信息报送等工作经费的支出来源，用于稳定群测群防队伍。

要建立稳定的地震群测群防工作经费渠道，各县（市、区）政府要将地震群测群防工作经费纳入财政年度预算，并根据经济社会发展逐年增加经费投入，要通过多方努力，保证群测群防观测人员的补助费发放，保证群众观测点队伍的基本稳定。

1.3.3　加强"三网二进一员"建设，推进群测群防工作

当前，地震群测群防工作的主要任务就是要突出工作重点，积极推进"三网一员"建设，有的地方将其升级为"三网二进一员"建设。"三网二进一员"建设，即地震宏观异常测报网、地震灾情速报网、地震科普宣传网，地震应急工作进社区、抗震设防技术进农居，并在乡（镇）政府设置群测群防员。

要规范地震群测群防网点设立程序、信息报送方式、日常管理模式，统一制发群测群防工作手册，明确测报内容，细化工作流程，量化技术指标，统一上报内容格式等。

（1）地震宏观测报网建设。

合理布局是巩固和提高群测群防成效的前提。从群测网点的作用看，它只能是专业台网的补充。因此，应统一布局，在专业台站稀少的地方多设些地方台或宏观测报点是十分必要的。

各地在每个乡（镇）选择 1 个深水井、水产养殖场、畜禽大户、花木基地、气象站等场所作为固定的宏观测报点，构筑县、市两级地震宏观测报网，常年跟踪并及时上报地震宏观异常情况。

每个宏观测报点，应明确一名责任心强的社会地震观测员，在地震部门和防震减灾助理员的指导下开展地震宏观异常的监测。发现宏观异常后，及时上报有关部门并积极配合宏观异常调查核实，做到常年跟踪、上报及时、落实有效。

在建立必要的宏观测报点的同时，充分发挥骨干观测员的带动作用，发动群众，人人自觉识别和搜集宏观异常信息，如动物、地下水、气象等异常信息，并有义务及时上报给上级政府和地震部门，形成"点面结合"的地震宏观异常测报网络，以弥补固定观测点受市场经济环境影响所造成的产业结构变化快、人员流动性强等弊端，大样本量地收集利用地震宏观异常信息，充分发挥其在地震短临预报中的作用。

（2）地震灾情速报网建设。

各地在每个乡（镇）设立地震灾情速报网点，完善地震灾情速报通讯网络，保障通信网络畅通，保证震情灾情的快速传递，一旦发生有感地震或破坏性地震，通过地震灾情速报工作网络，迅速查清震源震区、人员伤亡、房屋破坏、经济损失、群众心理及社会反映等问题，及时上报上级地震部门，为各级地震应急指挥机构有效组织抗震救灾提供科学依据。

（3）地震科普宣传网建设。

以乡（镇）文化广播电视中心为依托，设立乡（镇）地震科普宣传网点，县（市）区人民政府所在地设立宣传站，构筑全市地震科普宣传网。

各地可以通过宣传橱窗、宣传墙报、科普讲座、知识竞赛、广播电视、网络传媒、应急演练、散发资料和学生课外活动等多种方式和手段，大力宣传防震减灾知识和国家防震减灾法律法规、方针政策，在群众中普及防震减灾技能。

（4）地震应急工作进社区。

通过"三网一员"建设，切实推动社区地震应急工作的开展，建立社区地震应急工作机制。

制定社区地震应急响应方案，建立社区地震应急领导和指挥协调工作机制，建设应急避难场所和疏散通道，组建社区地震应急救援志愿者队伍。要指导群众做好地震应急准备工作，掌握地震灾害预防、疏散、自救、互救等基本知识，熟知附近的避难场所和疏散通道，定期开展地震应急演练。临震、震后立即启动社区地震应急预案，迅速组织群众开展避震疏散、自救、互救和抢险工作，迅速向政府报告灾情和紧急救助情况，协助发放救援物品，协助维护社区生活秩序，防止次生衍生灾害的发生。

（5）抗震设防技术进农居。

通过"三网一员"建设，切实推动抗震设防技术应用到农居建设中，指导和引导乡（镇）农民建设符合抗震设防要求的房屋。

要切实推进抗震设防技术进村入户工作，加强农村民居抗震设防知识宣传教育和抗震设防技术指导，引导农村居民建设符合抗震设防要求的房屋。要成立农居抗震技术服务组织，各乡镇（街道）

应明确负责管理农居建设的工作人员，对农村民居施工人员进行必要的培训，形成能长期发挥作用的农村防震抗震技术服务网络。要在开展农村民居地震安全示范工程的基础上，扩大试点，推广经济适用、达到抗震设防要求、户型结构和功能合理的农村民居设计图纸和施工技术，把农村抗震防灾管理与村镇规划、农村集中居住区建设和管理、新居建设和旧房加固有机结合起来。

（6）设置群测群防员。

各乡(镇、街道)应选拔一名有文化、懂科技、责任心强的乡(镇、街道)干部担任群测群防员。根据地震宏观测报职责要求，承担宏观异常测报、灾情速报和宣传工作。

1.3.4　任何单位和个人都有依法参加防震减灾活动的义务

防震减灾不仅涉及到政府，也涉及社会各种组织，同时也涉及每个公民个人。为防震减灾工作立法的目的，正是为了调整社会各个方面在防震减灾活动中的社会关系，以明确各级人民政府、各个职能部门的职权和职责，以及明确各个单位和公民个人在防震减灾活动中的权利和义务。

《中华人民共和国防震减灾法》第八条规定："任何单位和个人都有依法参加防震减灾活动的义务。国家鼓励、引导社会组织和个人开展地震群测群防活动，对地震进行监测和预防。国家鼓励、引导志愿者参加防震减灾活动。"

第九条规定："中国人民解放军、中国人民武装警察部队和民兵组织，依照本法以及其他有关法律、行政法规、军事法规的规定和国务院、中央军事委员会的命令，执行抗震救灾任务，保护人民生命和财产安全。"

第四十四条规定："县级人民政府及其有关部门和乡、镇人民政府、城市街道办事处等基层组织，应当组织开展地震应急知识的宣传普及活动和必要的地震应急救援演练，提高公民在地震灾害中自救互救的能力。

机关、团体、企业、事业等单位，应当按照所在地人民政府的要求，结合各自实际情况，加强对本单位人员的地震应急知识宣传教育，开展地震应急救援演练。

学校应当进行地震应急知识教育，组织开展必要的地震应急救援演练，培养学生的安全意识和自救互救能力。

新闻媒体应当开展地震灾害预防和应急、自救互救知识的公益宣传。

国务院地震工作主管部门和县级以上地方人民政府负责管理地震工作的部门或者机构，应当指导、协助、督促有关单位做好防震减灾知识的宣传教育和地震应急救援演练等工作。"

第八十一条规定："任何单位和个人对防震减灾活动中的违法行为，有权进行举报。"

这些条款告诉我们，地震灾害预防、应急和救援是一项系统工程，需要公众的广泛参与。战胜灾害不是一个人、一个单位能够独立承担和胜任的，唯有万众一心、团结互助、群策群力，建立以社会公众为根本的防震减灾体系，才能在灾害到来时度过难关，最大限度地保障生命和财产的安全。

任何单位和个人都有依法参加防震减灾活动的义务。地震工作部门的责任自然不必多说，其他政府部门也应承担起各自的责任。政府具有强大的决策、组织、指挥、协调和监督能力，在震前预防、震后救灾等方面的作用无可替代。震前，政府通过制定防御救助预案明确各部门、各单位的职责，通过提高建筑物抗震标准、加大宣传教育力度等措施做好防御工作。大震发生后，政府依据地震工作部门提供的震情灾情信息，统一调度军队、公安、民政、住建、消防、卫生、宣传等各方力量，开展快速有效的救灾工作。在平时，机关、企业、学校、社区、农村等组织机构，也要定期组织应急演练以及经常开展宣传教育，

政府、有关部门、主管机构的努力固然重要，而同样重要的还有由一个个家庭和个人组成的全社会的防震减灾意识。这体现在平时、临震前和震后三个环节中，但功夫主要在平时。平时，家庭与个人的知识准备、物质准备（如家庭应急包）、心理准备、技能准备等等，都是必不可少的。

历次地震灾害事件说明，社会公众广泛参与是提高社会整体应急处理能力的关键。普通民众既是地震灾害的直接受害者，也是在地震应急和救灾中发挥作用的主体。破坏性地震发生时，不但需要一方有难八方支援的全社会的积极行动，而且需要人民解放军、武警部队的倾力支援和灾区全体人民的全力支持和积极参与。

根据《中华人民共和国防震减灾法》有关规定和现时期我国防震减灾主要工作方针和任务，群测群防工作可定义为非隶属政府地

震工作部门的公民和组织依法开展的地震监测、预测和地震灾害防御工作。现阶段群测群防工作的主要内容包括：地震宏观和微观观测，防震减灾宣传和震情灾情上报等工作。发挥群测群防在防震减灾工作中的作用是非常重要的。

社会组织或个人对地震灾害的认知程度、适应能力，在地震应急时的应变能力，在灾难中生存和自救、互救等能力越强，其受灾损失程度越低。也就是说，公民的防灾意识、防御行为与防震减灾效果有密切关系。而公民的防御知识和技能、灾害意识和应急意识的形成需要一个长期的培训、教育过程，需要坚持不懈地逐步提高社会公众防震减灾知识普及率和受教育程度，坚持不懈地开展防震减灾知识的宣传教育，需要结合生产和社会发展，组织专业培训，提高专业救援水平。在国民经济迅速发展、人民生活水平逐步提高的同时，强化全民族居安思危的意识，自觉做到未雨绸缪，防患于未然，具有现实和长远意义。

2 发挥群测群防在地震宏观异常测报方面的作用

2.1 中国地震预报工作的探索与发展

2.1.1 中国地震预报工作的探索和发展历程

从古到今，地震一直威胁着人类生命和财产的安全。全球平均每年发生 1 次 8 级地震，18 次 7 级地震，其中的 85% 为海洋地震，15% 为大陆地震。虽然我国陆地面积仅占全球的 1/14，但大陆地震却占了 1/3，位居全世界各国之首，勿容质疑，中国是全球大陆地震最多的国家。因此，我国向来重视对地震预报和灾害防御的研究。

（1）我国古代对地震前兆与地震预测的探索。

我国是世界上历史地震资料记载最丰富、历史最悠久的国家之一。早在公元前 23 世纪（4300 多年前）舜帝时的"黑子"和《竹书纪年》中就有山西南部地震的记载，现已编为《中国历史强震目录》中的第一条，即帝舜三十五年（公元前 2222 年）山西永济蒲州震级为 5½ 级地震。

在史书和地方志中还记录了一些地震前的异常现象，如1556年1月23日陕西华县8级大震前"日光忽暗，有青黑紫色，日影如盘数十，相摩荡，渐向西北散没"。这段记载表明，地震前在太阳上发生了一些特殊的物理现象。在地震发生前7～8个小时，有缓慢的地面运动发生。如《华州志》记载："十二日晡时（即申时，指下午3点至5点之间），觉地旋运，因而头晕，天昏惨，及夜半月益无光，地仄立，苑树如数扑地，忽西南如万车惊突，又如雷自地出，民惊溃，起者、卧者皆失措，而垣屋无声皆倒塌矣。"这种"地仄立"和"苑树如数扑地"的现象是一种长周期运动，随后才发生地震。

1605年7月13日海南岛琼山东地震（7½级）发生前约8小时，震中区曾出现地层的剧烈运动。震中附近的《澄迈县志》上写道："是日午时银矿怪风大作，有声如雷，动摇少顷，坑岸崩压挖坑人夫以百计。矿外处震于亥时，而矿内午时先发，所谓本根伤而枝叶动。"

"坑岸崩压挖矿人夫以百计"的现象，可能是大震前地层剧烈变形引起的矿坑壁崩塌。当矿坑壁崩塌时会发生巨响和振动，并造成矿内气流而形成"怪风大作"的现象。

另据《银川小志》记载："银川地震，每岁小动，民习以为常，大约春冬居多，如井水忽浑浊，炮声长散，群犬围吠，即防此患。至若秋多雨水，冬时未有不震者。"

从这段记载，可以看出劳动群众除了认为宁夏地震发生的时间有春冬二季居多的特点外，更加重要的是，提出了井水变化、地声和动物异常跟地震的关系，已经有了综合多种前兆现象来预报地震的思想。

1855 年，辽宁金县地区人民曾根据地震前的声音预报过一次地震，减少了人民生命的损失。据故宫档案记载："旗民各户住房虽震倒五百六十七间……地未震之时，先闻有声如雷，故旗民早已预防，俱各走避出屋，是以未经压毙多人，只伤男妇子女七名"。

可见，我国古代劳动人民在与地震灾害的长期抗争中记载并总结了许多可能与地震发生有关的地震异常现象，包括大震前的小地震活动，地壳运动、地声地光、地下水异常变化，动物行为异常，以及气象异常和季节与地震关系等现象，并应用积累的这些经验在地震预测预防中进行尝试且取得一定效果。

（2）20 世纪上半叶地震预测预报工作的萌芽。

19 世纪末至 20 世纪初，一些国家开始在我国建立地震台站，利用地震仪器测报地震。日本侵占台湾岛后，于 1887 年在台南、台中、台东等 8 个地点建立了区域地震台网。1904 年法国耶稣会所属上海徐家汇观象台建立中国大陆上第一个地震台。1904 ~ 1908 年俄国与日本在大连、营口等 5 地建立地震台。1909 年，德国在青岛设台。

1930 年，在李善邦和秦馨菱先生主持下建成北京西山鹫峰地震台，是中国自建的第一个地震台。地震仪采用照相记录，记录地震多而准确，并参与了国际资料交流。1949 年解放前夕，大陆仅剩南京与上海两个地震台。

在这一时期中国的科学工作者已经开始了地震预报的探索和研

究。幼雄在 1923 年《东方杂志》第 20 卷第 16 号中《地震的研究》的论文中谈到地震的成因、地震的强度和感震区域、前震和余震等 11 个问题，其中第 11 个问题就是地震的预知和预防。文章中谈道，水位观测、倾斜观测、潮汐和气压变化触发地震。并认为，大地震若按年计，则以夏季最多，冬季最少，小地震则相反；若按月计，则阴历的朔望和上下弦时最多；若按日计，则午前午后 11 时为最多等。当时正是日本东京大地震发生不久，对地震预报的探索已有相当的深度。这期《地震的研究》中《雉鸡和地震》一文，谈到日本著名地震学家大森在震前观察到动物异常。

翁文灏在 1929 年商务印书馆出版的《地震》中，讨论了地震与纬度变迁的关系、地震与地磁的关系、地震与天文现象的关系等。

陈国达在 1938 年《地质论评》第 3 卷第 4 期的《民国 25 年 4 月 1 日广东灵山地震记略》中，对 1936 年 4 月 1 日广东灵山 6.8 级地震的震感区域、地声、震中和震源深度以及前震、余震和当地历史地震活动都进行了研究，文章还讨论了地震发生的原因和地震未来趋势。

王竹泉在 1947 年《地质论评》第 12 卷第 1 期《河北滦县地震》论文中也对 1945 年 9 月 23 日河北滦县 6 级地震的成因和未来地震趋势进行过研究。

总之，这一时期地震学家已经开始注意地震预报的问题，观测到一些地震前的异常现象，对大震后的地震趋势进行探讨，初步研究了地震发生同日月运动的关系，注意到地震前形变（倾斜）、电磁（地磁）和流体（水位）的异常现象，是中国地震预报工作的萌芽时期。

（3）解放后地震学和地震预测预报的发展。

地震直接关系到国家建设和人民生命财产安全，地震学和地震预测预报从解放后就受到人民政府的重视和支持，使这一门科学得到迅速发展。

1953 年国家开始第一个五年经济建设计划，依照设计厂矿的程序，要建设工矿企业必须先知道建设地点的地震烈度，于是一个为建设部门提供地震烈度的任务就提上了日程，国家的需要成为地震科学发展的动力。

为了完成这个任务，首先必须收集、整编历史地震资料。经中国科学院地震工作委员会历史组 2 ~ 3 年的工作，编辑出版了《中国地震资料年表》。这部资料对整个中国历史年代的地震活动情况，提供了宝贵的素材，是研究中国地震的一部极其重要的文献资料。

根据上述历史地震资料，1954—1956 年鉴定了 156 项工矿企业需要的地震烈度，进而编制了《中国地震区域划分图》。

为了地震科学长远研究的需要，必须把历史地震资料整理成地震目录，这是多地震国家的一项基础性工作。同时，还必须制定适合中国国情的地震烈度表，拟订历史地震震级表。然后对每个大地震逐个分析，做出等震线，求出震中位置，估计震中烈度，换算震级，对近代有些地震数据进行修订等。另一方面，要把全国有地震记载的各县资料分县整理，以便评定各县烈度使用。这些工作量很大，直到 1960 年才完成《中国地震目录》第一、二集的编辑出版工作。

1956 年拟定全国十二年科学技术规划时，在国家最重要科学技术说明书中包括了地震方面的课题——中国地震活动性及其灾害防御的研究。这个课题的首要任务是建立现代的地震观测台网。

从 1956 年开始，先后在北京、广州、上海、武汉等地建立基本台。它的建立为记录全国大部分地区的中等以上地震和全球强震奠定了基础。

为了进一步开展详细的区域地震研究，必须研制适合国情的区域台网观测所需的仪器。1958 年，我国自己研制的 581 型微震仪问世。在微震观测中不用一般的电流计记录方法，而应用电子技术进行长期连续观测，这是一项革新，当时在国际上也应用得不多。这种微震仪的试验成功，对推进我国区域地震研究起了重要作用。

1958 年地震预报曾一度被提出，并在地球物理所组成地震预报考察队，去西北寻找地震预报所必需的前兆现象。经过一段时期工作，发现大地震前群众反映最多的是地声、地光、地下水、动物、气象等方面出现的异常现象，但是，很难肯定这些凭回忆所得的异常现象是否真是地震前兆；即使是真的地震前兆，怎样在地震前观测到，科学技术上存在着许多困难，一时难以克服。同时，从国际上看，一些地震学发达国家也认为提出地震预报问题为时尚早，且地震预报试验是一项耗资巨大的研究课题，所以，这个课题暂时改为长期探索项目。

1958 年 9 月，中国科学院地震预报考察队赴西北地震现场调查地震前兆现象，此次地震预报考察是探索地震短期预报的第一次重要的科学实践，其总结的前兆现象不仅在当时，而且对以后地震预报工作也有重要科学价值。

1963 年，傅承义撰写了《有关地震预告的几个问题》，文章指出：
"预告的最直接标志就是前兆，寻找前兆一直是研究地震预告的一
条重要途径"。文中列举了一些可能前兆，如前震和地下微弱震动、
地倾斜和地形变、地磁要素、地震波速度、地下水位、地温、地电、
生物，以及月相、气象要素等的变化，并指出："地震预告是一个极
复杂的科学问题"。

总之，这一时期地震学家的工作已经为地震预报工作的进一步
开展奠定了初步的基础。

1966 年初，中国科学院地球物理研究所召开了由昆明地球物理
研究所和兰州地球物理研究所参加的地震预报讨论和规划会议，论
证了开展地震预报的必要性和现实性，研究起草了地震预报规划。

（4）中国有组织的地震预报探索阶段。

1966 年 3 月 8 日，我国河北邢台发生 6.8 级地震后，全国上下
成立地震机构，建台设点，轰轰烈烈地开展了全国性的地震观测和
研究工作。

1976 年 7 月 28 日，河北唐山发生 7.8 级大地震，全国又大规
模地开展地震群测群防工作，地震队伍由解放前的几十人扩大到有
专业队伍 1 万多人，业余测报人员 100 多万。

这一阶段预报信心的最好体现是 1970 年 1 至 2 月召开的第一
次全国地震工作会议提出的宏伟目标："力争三五年内在重点地区实
现五级以上地震短期预报，做到不迟报，不漏报，基本上不错报，
使人畜不受损失。"这里的"迟报"意味着预报太晚无助于及时疏散。

1966 年 3 月 8 日邢台 6.8 级地震，是 1949 年中华人民共和国

成立以来东部人口稠密地区的第一个强震。其破坏之广泛和震中距北京之近惊动了中央政府。地震当天，周恩来总理赶赴灾区，宣告了中国地震预报工作的开始。来自 100 多个政府研究机构和大学的3600 余名科技人员立即汇集到邢台地震现场，展开大规模的预报会战。通过把各种观测与随后于 3 月 22 日在当地发生的 6.7 级和 7.2级两个地震相关联，一些研究者觉得发现了依据前兆异常进行短期预报的线索。广为人知的异常包括小震活动的时空图像、地下水变化和动物行为异常。著名的"密集—平静—强震"三段式就是此时提出的。

中国地震预报的思想方式本质上受中国文化和历史的影响。数千年的中医实践表明：在不理解事件间关联性的情况下，仍可以利用事件间的经验关系做出预测。预报工作虽然也经常引用现代科学知识，尤其是岩石力学知识，但往往更专注于识别前兆来预报地震而非前兆解释。中国地震预报的最初十年尤其如此。

1969 年，国务院组建了地震工作领导小组。1971 年 8 月，国家地震局成立，最初由中国科学院代管，以预报地震为其主要任务。1975 年，国家地震局改为国务院直属而进一步强化了地震局的政府职责，而不仅仅是科学研究。到 1976 年，国家地震局已演变成约有 14000 人的机构，包括 27 个研究单位或"地震大队"。

1975 年 1 月 13 ～ 21 日举行的全国地震趋势会商会中做出了中期预报，内容为："南北带的剑川、下关、丽江、永胜可能今、明年有 7 级左右地震；华北北部京津之间到唐山一带，辽东半岛的金县、营口一带及丹东，今年可能有 5 ～ 6 级地震；四川的松潘、茂汶到甘肃武都可能有 6.0 ~ 6.5 级地震。"会议没有给出其他的预报。会后 20 个月内，大会结论提到的所有 4 个地区都发生了 7 级以上的地震：1976 年 5 月 29 日龙陵 7.4 级地震，1976 年 7 月 28 日唐山 7.8 级地震，1975 年 2 月 4 日海城 7.3 级地震和 1976 年 8 月 16 日松潘 7.2 级地震。导致这些预报的资料包括地震活动的时空图像和活动断层周围地形变观测（主要采用非常频繁的重复水准测量），其他的异常如重力和地磁场变化，甚至气象变化也常被作为支持依据。然而，此后中国的其他中期预报没有再现过如此的精确度。一般是一次会商会提出不少预报，但大部或全部报错。

进行准确的地震预报目前还在探索阶段

（5）测震和大地测量监测台网的建设和完善时期。

间隔仅 3 周的 1976 年唐山地震和松潘地震标志了中国地震预

报工作第二阶段的开始。7月28日唐山地震给地震预报以绝望性的打击，但士气又因8月16日松潘地震的预报报道而有所提升。

唐山地震引发了一定的混乱。一时间，全国遍现异常，处处预报地震。刚被唐山灾难强烈震撼的中国大众被这些预报和伴随的流言弄得惶恐不安。有学者估计，1976年秋中国有几亿人在临时防震棚中度过了很多夜晚。

1977年8月，国家地震局起草《关于发布地震预报的暂行规定》经国务院批转发布实施，不再允许普通民众凭据自己的异常观测结果公布预报意见。该规定于1988年又经修改，最终被《中华人民共和国防震减灾法》及相伴的《地震预报管理条例》所取代。

到1985年，中国的地方地震工作机构和人员都大幅减少。许多广为使用的业余预报方法，如土地电、土地应力、土地磁观测被终止。中国地震局则展开了其地震和前兆异常监测台网的现代化工作；至2008年，中国地震局运行维护着由989个数字化存储台组成的监测网。省、市部门随之扩建了本地的台网。

与此同时，因频频虚报而声名扫地的一些经验方法，如用天气干旱或连续两次磁暴预报地震的方法等，逐渐失去了市场。

这一阶段的主要成就是改善监测台网，特别是测震和大地测量监测台网。

从1976年到2008年的32年间，发生了许许多多地震，各别的也捕捉到了一些震前异常，如1995年孟连西7.3级地震、1999年岫岩5.4级地震和1997年伽师地区5～6.4级地震群等，但都没有向海城那样发布临震疏散令；其间更有无数预报意见汇交到各级地震局，但所报地震都没有发生。

这一时期的一大重要进展是 1998 年颁布了《中华人民共和国防震减灾法》，2009 年又进行了修订。该法对地震监测预报、地震灾害预防、地震应急、震后救灾与重建等活动做出规定。事实上，自中国地震局成立以来，其工作早已超越了从事预报的范畴，但该法正式法定了地震局的多种职能，尤其是地震灾害预防的职能。

"九五"规划期间，中国地震局主持实施了"中国数字地震观测系统建设"，我国的地震观测系统发生了根本性的变革，建立起了由 47 个国家基本数字地震台和全国台网中心组成的国家数字地震台网、近 30 个区域遥测地震台网中的 2/3 实施了数字化改造，新建的西安、福建和广州数字遥测地震台网先后于 1997 年和 1999 年投入运行。随后，具有国际先进水平的首都圈数字地震遥测台网也投入运行。

"十五"规划期间，我国又提出了更加宏伟的台网建设蓝图，分国家数字地震台网建设、区域数字地震台网建设、流动数字地震台网建设。新、扩建国家数字地震台站 108 个，将"九五"期间建设的 30 个区域数字台的数据采集精度由 16 位数提高到 24 位，同时加强台网中心在线大容量数据接收、处理和存储能力。

"十一五"规划在前期工作的基础上，进一步完善了地震观测系统的建设和软件的开发，并将数字地震观测技术输出到国外部分国家。中国大陆内部不再有网缘地震观测精度问题、边缘地区台站信号实时传输问题，地震观测数据实现实时共享。技术进步和台站密度使自动地震速报问题提上了日程。

随着数字地震观测技术的发展，数字地震学术也迅速发展，震源机制的矩张量反演、地震破裂过程、介质各向异性、深部界面研究，地下结构反演、三维走时表、地震噪声成像、波速比等数字地震学术成果层出不穷，并应用到地震预测、地震应急等工作一线，直接服务于科学和社会。

2004年10月中国地震局成立了中国地震台网中心，具体承担中国地震局业务工作信息的网络发布和数据共享服务，承担数据共享门户网站的建设与运行管理，以及数字地震、前兆资料库建设与共享技术研究。中国地震台网中心在国家"十五"规划完成的中国地震局重点项目"中国数字地震观测网络"，包括1个国家级地震信息服务系统中心；40个区域级地震信息服务系统节点；60个大中城市地震信息服务系统节点；300个县级地震信息服务系统节点；300个地震台站地震信息服务系统节点；5个高校、科研单位地震信息服务系统节点；2套地震现场地震信息应急通信系统。中国地震信息服务系统在上述行业网络的基础上，建设地震数据信息共享系统和网络地震信息服务系统及中国地震局政务信息系统，构成完整的中国地震信息服务系统。

2.1.2 中国地震预测预报工作体制的形成和完善

我国的地震预测预报工作是在频繁的大震发生及其严重的地震灾害情况下发展起来的。在1966—1976年10年大震高潮中，在国务院和各级政府的领导和支持下，先后在华北、西南、西北等主要地震区以及华东、华南、东北等地区迅速建立了地震观测台网及各地的地震工作机构与技术队伍，并在此过程中，遵循"边实践，边研究，边预报"的指导思想，积极进行地震预报实践，从而获得了较为丰富的前兆观测资料和宝贵的正、反两方面的预报经验。随着地震工作的急速发展和地震工作体制的建立，地震预报的工作体制也开始建立和发展。

1971年8月中国地震局正式成立后，实行中央与地方双重领导体制的各省、直辖市、自治区地震工作机构纷纷成立，地震科技队伍、地方地震机构和群众测报系统也得到迅速发展。为适应震情分析预报工作的需要，中国地震局和各地的地震工作机构中都先后设立了震情分析预报室（或组），进行监视预报工作。

各省分析预报机构与中国地震局分析预报室建立了经常的联系，互通情报，协同对地震趋势做出判断。与此同时，每周每月的震情会商制度逐步建立起来，初步形成了由台站、群测点、各级地震办公室、各省分析预报室（组），以及中国地震局分析预报室和局属研究所（队）组成的，由中国地震局领导的多层次地震预报工作体制。

在1972年在临汾召开的全国中长期地震预报科研讨论会上，正式提出"长期、中期、短期、临震"的试验性预报工作程序。自此以后建立一年一度的全国地震趋势会商制度，通过会商确定每年的重点监视区与加强工作地区。实践表明，这个制度对我国地震监测预报与科学研究工作都具有重要的作用。

但是，全国会商会的主要任务只是对全国形势做出一个整体性的估计，不是对具体地震的具体预报，具体预报工作是由各省地震局的分析预报机构（分析预报室或组）来完成。还应指出的是，各省分析预报机构只负责向上级提出预报意见，不负责向公众预报。按照《中华人民共和国防震减灾法》的规定，"国家对地震预报意见实行统一发布制度"：

"全国范围内的地震长期和中期预报意见，由国务院发布。省、自治区、直辖市行政区域内的地震预报意见，由省、自治区、直辖市人民政府按照国务院规定的程序发布。

"除发表本人或者本单位对长期、中期地震活动趋势的研究成果及进行相关学术交流外，任何单位和个人不得向社会散布地震预测意见。任何单位和个人不得向社会散布地震预报意见及其评审结果。"

我国各地的地震工作机构是按照行政区划建立的，然而，有些强震危险区往往处于几省交界处，其前兆显示范围往往也分布在几个省内。因此，为了弥补一个省的震情监视部门所掌握资料的不足，自20世纪70年代起在一些重要的地震区、带，先后建立了多省协作区，如甘肃、青海交界，四川、云南交界，山西、内蒙古、河北交界，山西、陕西、河南交界，江苏、安徽、山东交界，辽宁、内蒙古交界等协作区。这些地区地震预报工作的协作不但加强了相互资料、情况的及时交流，而且也促进了各省的监测预报工作，取得了良好的效果。

我国的地震预报工作体制是在实践中逐步建立并完善起来。到

20世纪80年代已形成由政府部门、地震管理部门、地震分析部门，以及数量众多的专业台站（队）和群众测报点共同组成的地震预报工作体系，这个体系充分体现出统一领导、分级管理、中央与地方相结合、专群结合的原则，为执行我国的地震工作方针，实现地震的预测、预报提供了保证。

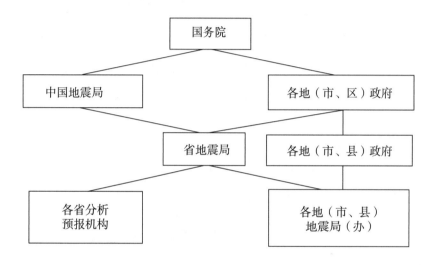

全国地震预报体制管理示意图

我国的地震预报工作体制可以分为两个部分，一部分是管理体制，一部分是工作体制。在国务院的统一领导下，由中国地震局系统和地方政府系统两大系统组成。中国地震局作为国务院的直属职能机构，负责制定地震工作方针，地震预报及防御工作的规划、计划、部署以及全国性的中长期预测意见及重大短、临地震预测意见的上报工作。而各省、直辖市、自治区地震局（办）则是地震预报工作的主要管理部门，受中国地震局和各省、直辖市、自治区政府的领导，是地方政府的职能机构，主要负责本省地震工作计划的制

定、实施和组织、领导本省的地震监测预报工作，再把地震预测的
意见上报省政府和中国地震局。

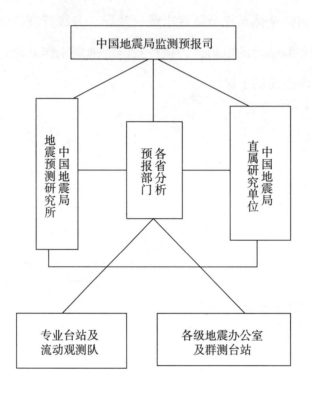

全国地震预报工作体制示意图

地震预报工作体制由三个层次组成，即专群台站及流动观测队
伍；各省分析预报部门，中国地震局直属研究所，中国地震局地震
预测研究所；中国地震局监测预报司。其中专群观测台站和流动观
测队伍是基层单位。这些单位不仅要及时提供连续、可靠的观测数
据与资料，还要负责对观测过程中出现的各类异常进行干扰排除与
核实工作，并根据对异常的认识与预报经验进行震情分析、判断。
中国地震局地震预测研究所和各省地震局的分析预报机构则要在对

各类异常进一步核实、判定的基础上，开展震情的综合分析研究工作，对全国或本省范围内的震情趋势相应地做出长、中、短、临及震后趋势的综合判断，并分别上报给有关省地震局及中国地震局监测预报司、中国地震局地震预测研究所。中国地震局各直属研究单位则通过较深入的系统研究工作，提出震情预测意见，报中国地震局监测预报司、中国地震局地震预测研究所。

中国地震局监测预报司是预报工作的主管部门，它除了要对全国地震监测预报工作进行具体部署，检查督促外，还要对各级分析预报部门及来自各方面的预报意见提出处理意见，上报国家局领导决策。

2.1.3 地震学家对"确定性的地震前兆"的探索和认识

在地震发生前，常常可以观测到一些异常，如地应变加速或地面隆升、重力场变化、磁场变化、电场变化、地下电阻率变化、地下水位变化、地下流体流动、地下水化学成分变化、大气化学成分变化以及其他一些可能对应力、对岩石中的裂纹或岩石的摩擦特性的变化敏感的参数的变化。这些异常称作地震前兆，或者说是可能的地震前兆。

通常认为，地震前兆反映的可能是地下岩石临近破裂时的应力状态。在地震预测中用于检测地震前兆的主要方法是地球物理方法，此外还有大地形变测量和地球化学等方法。这些地震前兆统称"微观"地震前兆，相应的方法称为"微观"地震前兆方法。

除了上述"微观"地震前兆外，还有不依靠精密仪器、能为人们在地震前所感知的"宏观"地震前兆（"宏观"异常），如动物行为异常、地下水和温度变化等现象。

能为人们在地震前所感知的"宏观"地震前兆示意图

多年来，在地震预测实践中，地震学家一直在致力于探索"确定性的地震前兆"，即任何一种在地震之前必被无一例外地观测到、并且一旦出现必无一例外地发生大地震的异常。

美国在 1964 年 3 月 27 日阿拉斯加 8.5 级大地震之前并不重视地震预测工作。阿拉斯加大地震后，美国开始重视并逐渐加强地震预测研究，于 1965 年提出了地震预测和震灾预防研究十年计划——《地震预测：十年研究计划建议书》。1977 年美国国会通过了《减轻地震灾害法案》，把地震预测工作列为美国政府地震研究的正式目标。特别是在 20 世纪 70 年代，紧接着苏联报道了地震波波速比（纵

波速度 V_P 与横波速度 V_S 的比值 V_P/V_S ）在地震之前降低之后，美国纽约兰山湖地区也观测到了震前波速比异常，随之而来的大量有关震前波速异常、波速比异常等前兆现象的报导和膨胀—扩散模式、膨胀—失稳模式等有关地震前兆的物理机制的提出，以及 1975 年中国海城地震的成功预报，在美国乃至全世界范围内掀起了地震预测研究的热潮，甚而乐观地认为"即使对地震发生的物理机制了解得不是很透彻（如同天气、潮汐和火山喷发预测那样），也可能对地震做出某种程度的预报"。

当时，连许多著名的地球物理学家都深信：系统地进行短、临地震预测是可行的，不久就可望对地震进行常规的预测，关键是布设足够的仪器以发现并测量地震前兆。但是很快就发现地震预测的观测基础和理论基础都有问题：对先前报导的波速比异常等重新做测量时发现结果不可重复；对震后报导的大地测量、地球化学和电磁异常到底是不是与地震有关的前兆产生了疑问；由理论模式以及实验室做的岩石力学膨胀、微破裂和流体流动实验的结果得不出早些时候提出的前兆异常随时间变化的进程。

到了 20 世纪 70 年代末，大多数早先提出的可能的"微观"地震前兆都被确认为对地震短、临预测价值不大。至于"宏观"地震前兆，通常认为只要做出适当的处理，至少在一定的程度上可以用它们来做出地震震级、震中区和发震时间的实际预报。

然而，在对宏观地震前兆做了系统研究后，日本大学教授力武常次提出，宏观地震前兆的特征尚待阐明，因为宏观地震前兆常常很可能被许多"噪声"所干扰，需要对其可靠性做认真的评价。对动物行为异常等宏观地震前兆异常的成因，对动物行为异常等宏观地震前兆为什么会、以及如何对数量级为 $10^{-7}\sim10^{-6}$ 的地壳应变的变化产生反应的，迄今仍未得出结论性的意见。

从 1989 年开始，国际大地测量和地球物理学联合会（IUGG）所属的 7 个协会之一的国际地震学与地球内部物理学协会（IASPEI）下属的地震预测分委员会，组织了由 13 名专家参加的工作小组，对各国专家自己提名的有意义的地震前兆进行了严格的评审。这个专家小组把地震前兆明确地定义为"地震之前发生的、被认为是与该主震的孕震过程有关联的一种环境参数的、定量的、可测量的变化"。第一轮（1989—1990）对各国专家本人自由提名的认为是有意义的 28 项地震前兆作了评审，第二轮（1991—1996）10 项，两轮共 37 项（第二轮中有一项在第一轮中已评审过）。按照这个专家小组评定的结果，只有 5 项被通过认定。这 5 项可分为 3 类：第一类是地震活动性图像；第二类是地下水的特性；第三类是地壳形变。

动物行为异常并没有列入"有价值地震前兆表"中。这其中的原因就是因为动物行为异常与地震的关系十分复杂，并不是所有地震前动物都有反应；同样，也不是动物出现异常都要发生地震。因为动物行为异常还受到低气压、高温、太阳等因素影响，天气变化、生活环境改变、喂养不当、受到惊吓等情况下动物也会出现异常反应。尽管大地震前一定有动物行为异常，但出现动物行为异常却不一定必然发生地震。因此，搞清楚动物震前异常的本质才有可能排除干扰，将预示地震发生的动物行为异常作为地震的预警信号。

应该指出的是，评审未予以通过并非断然否定所提名的这些前兆方法，只表明根据评审专家和专家小组的意见，该方法目前尚未成熟、或者说尚不能完全确信所提名的前兆是否真是地震前兆。即使被确认为"有意义的地震前兆"的 5 项，并不意味着即可用以预报地震。例如，前震无疑是地震的前兆，但是如何识别前震、特别是在震前实时地识别前震，仍然是一个待解决的问题。

2.2　宏观异常在地震预报中的作用

2.2.1　重视宏观异常是我国地震监测预报探索的一大特色

宏观异常指人的感官可直接感觉到的各类异常现象，这些现象的共同特点是违反"常规"或"常理"。例如有些花在冬季盛开，冬季蛇出洞，鱼浮出水面或乱蹦，老鼠大白天群体搬家，鸡鹅乱飞，狗不进舍，马不进圈等各类生物异常；井水翻花、冒泡、变色、变味，泉水断流或喷涌，地面上冒水、冒沙、冒泥等地下水异常；地声、地光、地雾、地动、地鼓等地面异常；收音机失灵，日光灯自明，电子闹钟走得忽快忽慢，罗盘的指南针强烈扰动等电磁异常等等。

我国有着悠久的地震观测历史，对于宏观异常现象与地震的关系，人类早有关注，留下很多宝贵的史料。《诗经·小雅·十月之交》中"烨烨震电不宁不令"，"百川沸腾山冢崒崩"的诗句，说的是周幽王二年(公元前740年)陕西岐山强震时所见到的闪闪如电的地光，轰轰如雷鸣的地声，成百条河水在翻腾的宏观异常。《宋会要辑稿(册五二)》对 1072 年 11 月 3 日陕西华县地震有"是夜初昏，略无风声，忽于山下云雾起，有声渐大，地逐震动"的记载，说明了震前看到地雾与听到地声异常。《新安志》中记载，1100 年 2 月安徽歙县地震前黄山朱砂汤泉"水变赤如流丹"等等。仅在我国，类似的记载有几千条之多。

1966 年邢台地震以来的 50 年，我国积累了丰富的地震预报实践经验，形成了一套长、中、短、临及震后地震预报对策，在临震预报对策中明确提出了地震孕育进入临震阶段的两条判据：一是在孕震空区内或其边缘发生了丰富的直接的前震活动；二是出现了成批的动物行为和地下水等宏观异常。

1975 年 2 月 4 日辽宁海城 7.3 级地震前 1—2 个月观察到很多宏观异常现象，如 1974 年 12 月在辽阳、本溪、鞍山、大连、沈阳、锦州等地开始出现大量地下水与动物异常；1975 年 2 月 2 日盘锦某乡一群小猪在圈内相互乱咬，19 只小猪的尾巴被咬断，2 月 4 日震前千山鹿场梅花鹿撞开厩门冲出厩外，岫岩县石岭村一头公牛傍晚狂跑狂叫，岫岩县清峰村一只母鸡在太阳落山时飞上树顶就不下来进窝等等，这些宏观异常对成功预测这次地震提供了重要依据。

1976 年 5 月 29 日云南龙陵 7.4 级地震前，5 月 28 日龙陵县土地电与井泉水温度出现异常，县地震部门发出"5 月 31 日至 6 月上旬在 100km 范围内可能发生 5.0 级或 6.0 级地震"的预测意见并于 5 月 29 日 20 时左右拉响防震警报，25 分钟之后发生第一个主震，但人畜都已被疏散，大大减少了伤亡。

1976 年 8 月 23 日四川松潘 7.2 级地震是中国较好地利用地下水等宏观异常成功地实现分阶段预报的范例。震前宏观异常的 3 次起伏，对应 3 个预报阶段，异常的种类与数量越来越多；规模越来越大；分布区越来越向未来的震中迁移，最终成功地实现了短临地震预测。

在这次地震预报的中期阶段，发现 1975 年下半年松潘、南坪、茂汶等地出现多处地下水异常，有些泉水流量减少，甚至出现断流。特别是大片的竹子先开花后开裂干死，有些熊猫因无食物而饿死，于是提出了"1976 年上半年在松潘、茂汶一带有发生 6 级或 6 级以上地震的危险"的中期预报。

在短期阶段，特别是从 1976 年 6 月中旬起，大邑、邛崃、天全、宝兴等地出现了大量的地下水、动物等宏观异常及少量地光异常。异常出现的范围很大，数量很多，于是提出了"龙门山中南段、茂汶、北川至康定在 1—2 个月内可能发生 6 级左右地震"的短期预测意见。这个意见得到四川省委的高度重视，发出有关文件，明确提出有关地区"加强对地震工作的领导，大力开展群测群防，做好防震抗震工作"的指示，为成功预报这次地震奠定了基础，指明了方向，其中特别强调了"做好群测群防工作"。

到了临震阶段，7 月 20 日前后平静了的地下水等宏观异常第 3 次兴起。从 7 月 19 日起同步出现大量的火球，到 7 月底 8 月初地下水宏观异常的数量剧增。除了老鼠搬家、发呆等之外，又出现鱼浮水面，狗哭扒洞，猪拱圈，牛、马、鹿惊叫不进厩等新的动物异常。与此同时，松潘一带天气闷热，康定一带气温较历年平均值高 2.6 ℃。

第 3 次宏观异常的种类、分布范围、数量等大大超过了前两次，而且宏观异常的分布表现出向松潘、平武等未来震中区迁移的趋势。

根据上述异常，四川省地震局做出了"8 月份，特别是 8 月 13 日、17 日、22 日前后，在龙门山断裂中南段，茂汶、北川或康定、泸定一带可能发生 6 级以上甚至 7 级左右地震"的短临预报。

即使是没有成功预测的某些地震前，也曾都发现各类宏观异常，如 1976 年 7 月 28 日河北唐山 7.8 级地震前地下水与地光异常，1998 年 1 月 10 日河北张北 6.1 级地震前泉水断流与泉池内平时湛蓝平静的水面变得"翻江倒海"等等。

因此，我国地震监测预报实践中，都较重视宏观异常现象的观察、收集、报送、分析工作，这已成为我国地震监测预报探索的一大特色。

与地震微观观测相比，宏观观测具有如下优势，一是宏观点布设相对容易，可以形成观测点多、分布范围广的优势；二是宏观异常的识别较容易，群体宏观异常相对于单个微观异常一般具有更高的可信度，也较易于预测地震发生地点。

当然，宏观观测的灵敏度远低于微观观测，通常只有在地震孕育区出现明显的物理、化学状态变化时，才有可能出现宏观异常。

地震宏观观测都是专业微观观测的有益补充，是地震群测群防工作的重要基础，并对强震短、临预测有着重要作用。正因为如此，2000 年，时任国务院副总理的温家宝同志在唐山召开的全国防震减灾工作会议上就曾强调，"要认真研究新形势下如何开展地震群测群防工作，进一步发挥群测群防在防震减灾，尤其是在地震短期和临震预报中的作用"。

当然,即使是出现有一定规模的宏观异常,目前还不能断定是必震的征兆。这样的现状,告诉我们利用宏观异常预测地震,如同利用各种科学仪器测得的微观异常预测地震一样,都处在地震预测的科学探索阶段。那么,目前如何更好地把宏观异常应用到地震预测的科学实践之中去呢?

第一,要承认地震前有宏观异常,要认识宏观异常在地震预测中的重要性,要重视对宏观异常现象的观察、发现、收集与分析工作,特别是在地震危险区与危险期要建立有效的工作制度,充分发挥宏观异常在地震监测预报中的重要作用。

第二,要加强对宏观异常的分析与研究,对收集到的宏观异常现象进行必要的调查与落实,排除那些其他原因引起的宏观异常,提取可能与未来地震活动有关的异常现象,并对其进行跟踪观察与研究。

第三,正视宏观异常在地震预测中作用的局限性,决不能无条件地把宏观异常与地震挂钩,更不能单凭1、2项宏观异常对震情做出判断,甚至做出预测。提取一批可能具有震兆意义的宏观异常之后,一方面要注意宏观异常的种类与规模、空间展布及其时空迁移的特征,另一方面还要与当地当时的小震活动性及微观异常作配套分析,科学地分析与利用宏观异常信息。

2.2.2　推进地震宏观测报点和宏观测报网的建设工作

2010 年印发的《国务院关于进一步加强防震减灾工作的意见》（国发〔2010〕18 号）对"加强群测群防工作"提出了明确要求："继续推进地震宏观测报网、地震灾情速报网、地震知识宣传网和乡镇防震减灾助理员的'三网一员'建设，完善群测群防体系，充分发挥群测群防在地震短临预报、灾情信息报告和普及地震知识中的重要作用。研究制定支持群测群防工作的政策措施，建立稳定的经费渠道，引导公民积极参与群测群防活动。"此后，为了形成了"横向到边、纵向到底"的群测群防工作体系，各地开始了大力推进地震宏观测报点和宏观测报网的建设工作。

地震监测是地震行业的主要工作内容之一，是广义的监测。宏观测报网，是其中的一部分，是相对于"微观"提出来的。这个网，就是之前提到的群测群防中群测点网络。群测点网络主要由骨干点和宏观观测哨组成，接受市（区、县）地震工作机构管理。绝大多数群测点以收集地震宏观异常为主，部分骨干测报点也有一些微观观测手段。

地震宏观测报网的主要职责是：负责本行政区内的地震宏观测报、常年跟踪观测地震宏观异常情况并及时上报。具体说就是，地震宏观异常测报员要观测和收集动物、植物、地下水、地声、地形变、气象等地震宏观异常现象，认识其正常的变化规律，并记录观测结果。在发现宏观异常后，应及时进行异常的调查核实，确定异常本身是否可靠，同时分析异常原因、规模、出现的区域和时间等特征。

宏观异常调查核实后，要进行异常的识别，判断是否与未来的地震有关联，能否作为确定地震宏观异常的依据。如果确定是地震宏观异常现象，应及时填写"地震宏观异常填报表"，上报市、（区、县）地震部门。对突然出现规模较大的、情况严重的异常，除按规定填报外，还应以电话、手机短信、传真、电子邮件等方式，用最快的速度上报市（区、县）地震部门。

实际上，上报最及时有效的方法就是电话，因为电话最方便、最普及，完全可以在第一时间内反映情况。一旦发现了可能的宏观异常，一定要抢在第一时间报告情况。至于发电子邮件、填表、发传真等工作，都是后续的事情。

建立地震宏观测报网点，要考虑满足以下条件：①有 2～3 类动物饲养或井孔等直观的观测对象；②有专职观测人员；③有固定观测时间和观测记录；④有健全的观测制度；⑤有固定的通讯电话；⑥有一定观测规模，并定期向上级报告观测情况；⑦有一定的代表性，科学合理，尽可能地覆盖本乡镇的区域范围。

作为地震宏观测报网的成员，应对防震减灾部门内部通报的信息保密，未经许可不得擅自向外传播震情、险情；发生地震谣言时，要及时上报，同时做好群众的宣传解释工作，维护社会稳定。

2.2.3 做好宏观异常的监测核实上报工作

国家倡导专群结合，欢迎普通民众发现各种异常现象及时向当地地震部门反映，即使不能确切地判定它是否与地震有关，也没有关系。因为地震部门会派科技人员进一步调查核实。但是，千万不要看到一些看起来像地震前兆的现象，就以为一定会发生地震，到处宣传，闹得满城风雨。因为一些看起来很类似的现象，有可能是别的原因引起的。

比如，在听到"地声"时，一定要认真调查，注意识别和落实，千万不能以假当真。

2014 年 5 月 24 日，岫岩地震局接到来自岫岩县偏岭镇偏岭街一个居民打来的电话，反映"地声异常"。从 2013 年下半年开始，这位居民所居住的楼房内居民能听到"咚咚咚"的声音，声音间隔 5 至 7 秒，晚上听得更明显，周围 200~300m 范围也能听到。

岫岩地震局工作人员根据电话内容做出了基本情况判断：事件描述中的声音持续半年之久，几乎没天都有，夜间声音明显清晰，如果是地声，那么时间过长；音节单一，没有多音节声如撕布声、警报声、闷雷声、炸裂声等；而且，当地近期并没有出现地下水、动物、植物等宏观异常事件。由此判断，声源并非来自地球内部。

由于事件发生在岫岩的偏岭，地震活动较为活跃的地区。正逢夏季，茶余饭后当地的群众出来纳凉，谈论的基本上都是"家喻户晓的地声"，而且地震谣传越传越远。

虽然从专业及经验的角度做出了事件的判断，岫岩地震局还是组织业务人员到现场对宏观事件进行了排查和核实。

5月28日傍晚，地震局工作人员驱车赶往偏岭镇反映异常的居民家中。他所住的居民楼共3层，他家住1楼，静坐在屋内的确可以听到声音，但是不是居民所描述的"咚咚咚"的声音，而是如同心脏跳动的"砰、砰"声，听起来声源也不像是来自地下。声音时有时无，有声的时候会连续间隔5秒左右再次发声，音节单一，声音大小没有明显的变化。

经进一步调查，该居民区附近没有大型工厂和矿山昼夜作业。周围的邻居家也能听到类似的声音。经过仔细调查发现，离该居民楼东南约250m外，便是丹海高速公路，偏岭高速路口减速带就在附近，居民听到的声音，就是车在减速带上行驶时，车轮压减速带发出来的。车子每隔5~7秒经过一个减速带，就形成了居民所反映的异常声音。显然，这种声音和地震丝毫没有关系。

异常现象的发现与上报，是每个群测群防员的责任和义务。一旦发现异常动态时，必须及时向上级有关部门报告。有条件的情况下，在力所能及的范围内，也可进行或组织初步的异常落实工作。

被发现的异常，按其性质与显著性等可分为一般异常与重要异常。一般异常指异常幅度或速率不大，初步判定为可能属长期、中期与中短期性质异常；重要异常指异常幅度或速率很大，初步判定为多具短期、短临乃至临震性质的异常。

异常落实工作要采取属地原则与分级负责制。异常落实工作，一般采取属地原则，即在哪里出现异常，由哪里的地震部门负责落实。此外，异常落实工作，还按异常的重要性与落实异常工作的难度，采取分级管理、分级负责与分级落实。即一般的异常由地震台站或县、市级地震管理部门组织落实、比较重要与落实工作难度较大的异常由省级地震管理部门组织落实；对重大的异常、落实工作难度很大的异常与对震情判定具有重要意义的异常可由中国地震局负责监测预报管理的部门或由其委派的单位或专家协助有关省级地震管理部门落实。

一般的异常，按着正常的工作制度逐级向上级报告。当发现重要的异常时，除向上级报告之外，还可以越级直接向省地震局或中国地震局监测预报部门报告。

异常落实工作方案由地震监测管理部门牵头，由地震监测预报部门承担，委托具有较丰富的地震前兆监测与分析预报经验的专家或专家小组制定。

首先要进行异常的再次核实。核实观测数据的读取、传递与处理，动态曲线的绘制，异常的识别等准确无误，确认异常存在的客观性。其次，进行异常成因的分析。根据异常出现的时间、异常的形态特征及同期出现的观测环境、仪器状况和观测情况的变化等，初步分析造成异常的可能原因，提出异常成因的几种可能性。

在异常落实工作时，至少需查阅和准备如下资料：相关的地形图、地质图、观测场地（含井孔、山洞）图件；观测仪器类型、性能指标与运行历史档案资料；异常测项的多年趋势、年变规律、月动态与日动态资料；异常测项的震例资料；工作必须的专著、参考文献、工作手册等；其他有关资料，如必要的水文气象资料、有关的人类活动资料等。

在进行上述工作的基础上，若可判定异常的成因，确认异常为非震兆异常时，可结束异常落实工作；若仍难判定异常的成因，或怀疑为重要的震兆异常时，就要进一步进行现场查实与研究工作。

对被判定为可能具有震兆性质的异常，还要进一步确认其震兆性质。这一工作，可从如下三个方面进行：

一是可比性震例的存在。与本观测网点的震例作比较，曾出现过类似的异常并对应地震，则可确认其具有震兆性质，并可认为具有较高的信度。

二是与本地区其他网点同类测项的震例相比较，可找到类似的震兆异常实例，可认为其具有震兆性质。

三是与国内外同类测项的震例作比较，可找到类似的震兆异常实例，则也可认为其具有一定的震兆性质。

在本网点的其他测项，本地区其他网点同测项或其他测项同期存在震兆性异常时，可认为该异常具有震兆性质的可能性较高。

根据现有的前兆映震理论，对该异常可作出科学的合理解释时，可认为该异常具有震兆性质的可能性较高。

凡是被确认为地震宏观异常的各类异常现象，必须及时上报。一般要求一项异常填报一张表格。

上报的方式，一般是填写有关表格，然后传真、电子邮件、邮寄或派人送到指定部门。但是对突然出现的、规模很大、情况严重的异常，除了按规定填报表之外，还必须用电话以最快的速度上报指定部门。

一般情况下，在上报上级有关部门的同时，要报告同级主管领导，如主管的社区、村委会主任、乡（镇）长、街道办事处与居民委员会或单位领导等。

异常落实工作上报表

异常填报人	姓名		年龄		性别		职业	
	职务		家庭住址				联系电话	
异常发现人	姓名		年龄		职业		联系电话	
异常类别	地下水	动物	植物	地光	地声	地鼓	气象	其他
异常种类								
异常描述	出现时间	月 日 时 分		结束时间	月 日 时 分			
	出现地点							
	异常现象							
	异常原因分析							
	异常可信度							
异常核实与处理情况	核实人员							
	核实时间	月 日 时 分至 月 日 时 分						
	核实简述							
	核实结果							
	处理情况							
其他说明								

异常审核人：　　　　　　　　　　　　　异常填报时间：　年　月　日　时

为了使地震宏观异常信息更加全面、准确、科学，异常的上报要按一定格式与填报要求填报表。异常上报表中的各栏，要尽可能填写全面，填写的内容要真实、可靠，符合要求。

2.2.4 有效收集、及时上报震前的大规模宏观异常

近年来，我国各地不断加强群测群防体系建设，新建扩建了一

大批群测骨干观测点和宏观测报点，"三网一员"工作队伍体系已基本形成。宏观观测工作虽然取得一定的进展，但也存在着一些问题。比如，现有上报模式存在异常上报速度较慢、地区间交流程度差、地震预报决策部门无法宏观把握等弊端。这些问题在某些方面严重制约了震前宏观异常的有效收集。

（1）收集方式要改变方法和思路。

宏观异常上报的程序一般是逐级上报，即由村（居委会或社区）开始，经乡镇（街道办事处）、县（市、区）到省、自治区与直辖市地震部门，电话上报的同时一般还要求以固定格式的文件上报，如填写《地震宏观异常填报表》等。这就影响了上报的速度和分析决策的效率。

提高宏观异常效能的重点就是要解决突发大规模宏观异常的发现问题、上报问题，特别是上报的速度问题，以及整个工作体系的效率问题，在短短几小时之内，地震部门如何全面掌握宏观异常的种类与规模、空间展布、时空迁移特征，需要认真考虑。随着智能手机与互联网技术的发展与应用，这一问题的解决变得容易了，只要能够充分利用互联网，开发相关电脑软件和手机应用程序，就可大幅提高效率。

此外，有效收集、及时上报震前的大规模宏观异常，在宏观异常收集方式上需要改变思路，要"快、准"为先，"析、判"在后。先快速准确收集宏观异常数量及分布范围，然后再对异常的属性进行分析判定。

多次震例表明，大规模的宏观异常往往出现在强震临震前几小时，若把逐级的异常核实放在第一位，无疑会延误对异常数量与分布汇总的最佳时间，影响上报进度。

（2）充分应用新科技，拓宽宏观异常报送渠道。

利用互联网，可开通宏观异常上报"网络直通车"，建设全国统一的网站，将"地震宏观异常填报表"置于显著位置，"三网一员"在网上填报几个异常关键要素，确认后即可在网上提交，公众也可通过一定的入口，随时填写和报送发现的宏观异常，利用数据库管理技术快速获取与处理上报数据，这样，形成一套具有时空分布的动态系统，地震部门可直接看到整个数据实时动态变化情况。

也可以考虑开发方便报送宏观异常的手机应用程序、服务器端的程序和数据库，实现服务器端的智能分类与汇总，通过客户端可便捷地查询与填报宏观异常，实现宏观异常报送的网络化与智能化。

利用微信建立工作系统群手机，也是一种可以尝试的方法。微信是集文字、音频、视频、图片等于一体的多模态软件，借助微信公众平台建立"三网一员"微信圈，可弥补固定电话收集资料的众多缺陷，它的便捷性、准确性等特点足以满足日常工作的需要。通过微信圈，地震部门的专业人员可与"三网一员"随时随地交流，适时发布一些防震减灾科普知识供"三网一员"阅读，既可减少培训成本，提高其业务素质，又可密切彼此之间的联系。"三网一员"也可随时在微信圈内发布当前宏观观测情况及遇到的问题，便于地震部门随时掌握情况并做好服务。

增加 12322 平台使用频率，扩大其使用权限，也可极大地提高群测群防工作效率。地震专用 12322 平台的建立，为"三网一员"、公众、地震部门了解震情、灾情提供了便利条件。但从目前使用情况看，使用频率相对较低。为了改变这种状况，可考虑进一步优化12322 平台的功能和使用范围，让公众熟知这一平台，并参与进来，扩大宏观异常收集的覆盖范围。各县（市、区）地震局通过该平台定期（如每周）向本地"三网一员"发送一些宏观异常科普知识短信，既提高观测员对宏观异常的认知，也提醒其随时注意观测身边的各类宏观异常。

（3）疏通宏观异常工作各个环节。

一个地震前兆宏观异常最终能否被"采用"，涉及多个工作环节与因素，主要有：异常能否被立即发现，发现者是否有及时上报的意识和行动，接收部门如何处置，核实结果是否符合客观实际等等。既涉及工作制度、工作程序是否规范，也涉及异常发现人及地震部门工作人员的工作效率与业务素质。每一个环节和因素都会对异常的正确判定起到决定性作用。

公众对宏观异常的认知与防震减灾知识宣传密不可分，加强公众防震减灾知识的普及是宏观异常收集的基础。为此，地震部门要抓住各种宣传时机，采取多样化的宣传方式与手段，不断探索防震减灾知识宣传新思路、新途径和新模式，让地震科普知识真正深入到社区、村镇，每一所学校，每一个家庭，增加宏观异常收集的群众基础。

地震部门应定期对本区域宏观观测工作进行调查，了解宏观观测点在运行中存在的问题，分析出现的原因，探讨解决的办法。定期对宏观异常上报工作流程进行梳理，做到行之有效。定期开展针对宏观异常收集与上报工作流程方面的模拟演练，确保各个工作环节的畅通。

2.2.5 严格遵守我国的地震预测预报工作制度

地震监测预报是根据地震地质、地震活动性、地震前兆异常和环境因素等多种手段的研究与前兆信息监测所进行的现代减灾科学。地震预报必须同时包括时间、地点和强度，但是，地震预报不能简单地理解为对未来破坏性地震发生的时间、地点和震级及地震影响的预测，而是政府向社会公告可能发生地震的时域、地域、震级范围等信息的行为。

地震预报技术是从地震监测、大震科学考察、野外地质调查、地球物理勘探、室内实验研究等多方面对地震发生的条件、规律、前兆、机理、预报方法及对策等的综合技术。

当前，通过地震活动性规律、地震前兆异常、宏观异常以及其他手段预测地震，只是一种间接的预测方法。地震可能引起这些地震前兆异常和宏观异常，但是出现相关的异常并不一定要发生地震，因为自然界有更多的其他原因也能造成类似的异常现象。目前没有哪一种异常现象能够在所有地震前都被观测到；也没有任何一种异常现象一旦出现之后，就必然要发生地震。所以，在目前开展地震预测探索的实践中，是综合考虑所有情况，采用合理的技术途径，对明显的异常进行动态跟踪和会商的地震预测方式。

鉴于地震预测预报对社会的巨大影响，以及目前地震预测预报的现实能力和社会期望之间存在着很大的差距，在总结长期实践经验的基础上，我国建立了一套科学严谨的地震预测预报工作模式。主要包括"提出地震预测意见→形成地震预报意见→评审地震预报意见→发布地震预报"几个环节。

提出地震预测意见，就是对某一地区未来地震可能发生的时间范围、空间范围和震级大小范围进行估计和推测，是以客观的地震监测资料为依据，以地震预测的科学方法技术为手段。震情会商是目前集体提出地震预测意见，并形成地震预报意见的工作方式。会商时，各学科的专业技术人员对提出的各种地震预测意见和所依据的异常现象进行综合分析研究，形成地震预报意见，并根据时间长短分为长期（10 年以后）、中期（2 年以后）、短期（3 个月以后）和临震预报（10 天左右）意见。

成功的地震预报应具备三个条件：一是科学上的准确——即科学、合理、明确地预测出发生地震的时间、地点和震级大小；二是程序上的严密——即规范严谨地按照观测、预测、会商、评审、发布等环节要求去运作，每个程序环节都必须有以法律为保证的权威性和严肃性；三是社会公众的参与——即地震预报发布后，社会积极响应，公众合理有序地应对。

发布地震预报，既是一个科学问题，更是一个复杂的社会问题。地震预报的发布有着广泛而重大的社会影响。准确的地震预报，可以极大地减少人员伤亡，减轻灾害损失。据估算，海城地震成功预报，避免了约 10 万人死亡，减少了数十亿元的经济损失。但如果在发出短临地震预报的期间，所预测的地震没有发生，同样也可能造成社会混乱、经济损失和人员伤亡。

比如，台湾一名自称王老师的男子在 2011 年 4 月底预言：5 月 11 日 10 时 42 分 37 秒，台湾将要发生 14 级大地震，台北 101 大楼会断成 3 截，之后 17 日会有高达 170m 的海啸袭击台湾，并把台湾分成两半，所有浩劫要持续到 8 月 27 日后才会平息，预计会有上百万的台湾民众死于非命。谣言在岛内一度引起民众恐慌和社会混乱，这场闹剧直到 11 日之后才得以平息。

正是由于地震预测的不成熟和发布地震预报后可能造成广泛而深远的社会影响，因此，国家对地震预报权限做了严格规定，除了政府，任何单位或个人，包括地震部门的研究单位或工作人员，都不允许向社会透露、散布有关地震预测的消息。

任何单位和个人根据地震观测资料和研究结果都可以提出预测意见，但不得向社会散布，更无权对外发布，只能以书面形式向所在地或所预测地区的县级以上地方人民政府地震管理部门报告，或者向国务院地震主管部门报告。向国（境）外提出或透露地震预测意见是违法的，但是以中、长期地震活动趋势的研究成果进行学术交流的活动是合法的。

地震预报意见必须经过国务院地震工作主管部门和省级人民政府地震工作管理部门组织召开的震情会商会形成。市县人民政府负责管理地震工作部门召开震情会商会形成预报意见应当向省级人民政府地震工作管理部门报告。

《中华人民共和国防震减灾法》第二十六条规定："国务院地震工作主管部门和县级以上地方人民政府负责管理地震工作的部门或

者机构，根据地震监测信息研究结果，对可能发生地震的地点、时间和震级做出预测。

其他单位和个人通过研究提出的地震预测意见，应当向所在地或者所预测地的县级以上地方人民政府负责管理地震工作的部门或者机构书面报告，或者直接向国务院地震工作主管部门书面报告。收到书面报告的部门或者机构应当进行登记并出具接收凭证。"

第二十七条规定："观测到可能与地震有关的异常现象的单位和个人，可以向所在地县级以上地方人民政府负责管理地震工作的部门或者机构报告，也可以直接向国务院地震工作主管部门报告。

国务院地震工作主管部门和县级以上地方人民政府负责管理地震工作的部门或者机构接到报告后，应当进行登记并及时组织调查核实。"

第二十九条规定："国家对地震预报意见实行统一发布制度。

"全国范围内的地震长期和中期预报意见，由国务院发布。省、自治区、直辖市行政区域内的地震预报意见，由省、自治区、直辖市人民政府按照国务院规定的程序发布。

除发表本人或者本单位对长期、中期地震活动趋势的研究成果及进行相关学术交流外，任何单位和个人不得向社会散布地震预测意见。任何单位和个人不得向社会散布地震预报意见及其评审结果。"

在热情参与群测群防工作时，一定要记得依法办事！

2.3 宏观异常的基本知识

2.3.1 地震发生前震中区附近为什么会出现宏观异常

地震宏观异常的类型可以是多种多样的，按照异常形态变化的趋向分为两类：异常值高于正常均值；异常值低于正常均值。

按照异常过程及表现形式可分为如下几类：异常过程是渐变过程；异常过程是突变过程；异常形态与多年变化规律不符；异常表现在动态参数的变化上。

之所以发生地震宏观异常，震前震中区附近地球物理场、化学场和电磁场的剧烈变化是根本的原因。震中区及附近的地下流体、动物、植物起到了对地球物理场、化学场和电磁场的变化进行转换、放大、传递的作用，他们感受到了这种异常状态的存在，又通过自身的异常行为把这种信息表达出来。这种道理与我们能看到远在千里外的精彩演出一样，我们没有千里眼，也没有顺风耳，但我们通过电视现场直播就能达到观看千里外的演出这一目的，电视媒体的作用也是将一定的信息进行转换、放大、传递，让那些本来不在现场的人们知道这些正在发生的事情。

地下流体是地壳中最活跃的成分，它可以深入到地下20～30km的岩体孔隙之中，它的流动性与难以压缩性，使它能客观地、灵敏地反映出地壳中的应力、应变的活动，而地震正是地壳应力、应变剧烈变化的结果。岩体在受力演变的整个过程中都不可避免地要改变岩体中的孔隙压力，这种改变进而在地下流体的动态中表现出来，使地下流体的性质发生了变化。某些变化需专门的观测仪器才能测量，这就形成了地震微观前兆异常现象，如水化学类的 Ca^{2+} 等离子异常增多或减少等变化，另一部分异常如温度升降、水位升降、流量大小、颜色变化等，这些性质的变化通过人的器官就能直接感觉到，这就形成了地震宏观异常。

从生物学的角度来看，物种在进化的过程中，特定的动物获得了某些特异的感觉系统，能看到，或者听到，或者闻到，甚至是感觉到地球物理场、化学场以及电磁场的一些特定的变化。这些变化是复杂的，目前，我们还不能确定到底是哪些变化使得这些动物变得举止如此之怪异，我们也不能确定这些动物对哪些地球物理场、化学场和电磁场的改变会感到十分的不安和恐惧，但我们知道，这些动物之所以一转眼间就改变了自己习以为常的生活方式和习性，必定是因为其生存的环境发生了变化，他们所受到的刺激足够强烈，于是做出了有悖于他们正常生活的行为方式。这种行为对人类来说是一种可能发生地震的指示性信号，但对动物机体本身而言仅只是一种本能的反应，是对生存环境的变化做出适应性反应而已。我们人类在改变了一定的环境后也一样会感到不适应，甚至，我们会因为换了一张床而睡不着。

此外，声、光、电等地震宏观异常也都是地球物理场、化学场、电磁场发生剧烈改变的直接产物。

2.3.2 地震孕育过程中相应前兆的主要特征

由于地壳结构的复杂性，任何单一的方法对地震预报的解释都不是唯一的，有震异常和无震异常并存，因此，地震部门曾组织攻关活动，专题研究地震综合预报的判据和指标。综合预报专题总结了60多个中强震例，既考虑各种前兆资料的复杂、多样、随机和不定型性，又考虑到实际的经验和我国地震台网的监测能力，提出了11类观测手段75个项目的地震综合预报判据指标。根据相关研究成果，有学者总结地震孕育过程中相应前兆的主要特征及地震预报的主要经验如下：

（1）地震前兆的多样性。

11类观测手段75个项目所观测到的927条异常揭示了地震前兆的多样性及其丰富内涵，7、6、5级地震档的异常项目数和项次数分别为15和37、10和16、7和10。唐山地震异常项目数为36，异常项次数多达147。

各种异常在时间和空间上的联系表明，孕育过程中自然界发生了综合性变化、以应力应变为主的力学过程通过不同形式的能量转换，以多种地球物理和化学等异常变化表现出来。因而多样性与综合性是地震前兆的基本特征。

（2）前兆异常时间分布的阶段性。

时间长并呈现明显的阶段性是地震前兆的重要特点，总体异常时间可达数年甚至数十年，分阶段的异常时间比世界各国观测所得结果要长，临震异常可以几起几落，长达 1 个月左右。长、中、短、临异常反映了孕震过程的阶段性，与理论和实验结果是一致的。

（3）前兆异常空间分布的非均匀性。

60 多个震例从定性和定量上充分肯定了这一特征。前兆分布范围一般数倍于震源，镶嵌式的不均匀分布，并在未来震中附近相对集中，构成了异常大范围不均匀分布的图像。

（4）地震异常的统计量与震级间存在正变关系。

60 多个震例的统计结果表明，异常种类、时间、距离、数量、百分比等统计量均随震级增大而升高。这一总体特征是明显的，可以给出这些参量在不同震级档中的量级估计。

（5）地震前兆的高度复杂性。

复杂性是我国地震前兆的一个总体特征，尽管世界各地的地震前兆都比较复杂，但大陆地震前兆的复杂性则更加突出。除了上述 4 点共性特征富于大量的复杂的个性异常表现中之外，地震前兆的复杂性还表现在异常的类型和地震前兆的地区性等方面。

（6）地震综合预报的重要性。

我国地震预报实践表明，依据任何单一手段解决地震预报问题是不可能的，必须采取综合预报的道路。

2.3.3　可能与地震孕育、发生有关联的宏观异常

多数学者倾向于认为，地震是有前兆的。一些较大地震发生之前，在未来的震中及其外围地区，会出现各种各样平时未曾出现过

的很可能与地震活动有关的自然现象。这些与地震孕育、发生有关联的异常变化现象为地震前兆（也称地震异常）。它包括地震微观异常和地震宏观异常两大类。

人的感官能直接觉察到的地震异常现象称为地震的宏观异常。地震宏观异常的表现形式多样且复杂，异常的种类多达几百种，异常的现象多达几千种，到目前还没有统一的地震宏观异常分类标准，下面是对一些常见的地震宏观异常进行的一种大致分类：

（1）地下水异常。

地下水异常是指由构造应力作用引起的地下水水位升降、泉水流量变化、水质和水温变化、水中气体浓度变化，以及通过包气带逸出等地下水、气异常现象的总称。这些异常与地震的发生可能有一定关系。

1975年2月4日海城地震之前，先后发现467口井水位有升降变化。此外，出现井水翻花冒泡、变浑、变味、变色、浮油花等总共449起。

大地震之前，震区范围的地下含水岩石在构造运动的过程中，受到强烈的挤压或拉伸，引起地下水的重新分布，出现水位的升降和各种物理性质和化学变化，使水变味、变色、混浊、浮油花、出气泡等。由于地下水与河流之间存在互相补给的关系，震前地下水的变化，也会引起河水流量的变化。震前地下水发生的异常变化，是一种很重要的地震前兆现象。

（2）动物异常。

据统计，目前已发现地震前有一定反常表现的动物有130多种，其中反应普遍且比较确切的有蛇、鼠、鸡、鹅、鸭、猫、狗、猪、牛、马、骡、羊、鸽、鸟、鱼类等近40种。

1975年2月4日，辽宁海城7.3级地震前，观察到很多动物异常。比如，2月2日，盘锦某乡一群小猪在圈内相互乱咬，19只小猪的尾巴被咬断；2月4日震前，千山鹿场梅花鹿撞开厩门，冲出厩外；岫岩县石岭村一头公牛傍晚狂跑狂叫；岫岩县清峰村一只母鸡，在太阳落山时飞上树顶，不下来进窝……等等。

应该强调的是，动物异常的原因很复杂，很多时候与地震之间没有任何关系。所以在观察宏观变化时，一定要注意识别真伪，并及时向地震部门报告。

（3）植物异常。

植物和动物一样，是一个具有生命活力的机体。在丰富的地震史料中，确实记载了不少有关植物在震前的异常现象。1668年山东郯城大地震前，史书上就曾写道："十月桃李花，林檎实。"意思是说，十月份桃树、李树竟然繁花盛开，果实累累。显然，这是一种奇异的现象。1852年我国黄海地震前，也曾有"咸丰元年竹尽花，兰多并蒂，重花结实"、"咸丰二年夏大水，秋桃。李重华，冬地震"的记载。另外，史料上还有震前"竹花实"、"自冬及春，桃李实，群花发"等描述。近几十年我国发生的一些地震，也留下了一些有关震前植物异常现象的记载。

（4）地球物理场异常。

1966年苏联塔什干发生地震，一位工程师听到左方传来发动机隆隆的响声，同时闪现出耀眼的白光，晃得睁不开眼，接着地震来了，差点把他摔倒在地上。地震过后，光也就暗下来了。这就是典型的地光异常。

地震伴有发光现象并非偶然。在我国近年就至少有二三十次地震伴有地光。地光的颜色很多，有红、黄、蓝、白、紫等。地光的形状不一，有的呈片状或球状，也有是电火花似的。地光的出现时间不一般很短，往往一闪而过，所以不易观测。

1975 年 2 月 4 日我国海城、营口发生了 7.3 级地震，东自岫岩，西到绵县，北起辽中，南到新金，当时震区有 90% 的人都看到了地光，近处可见一道道长的白色光带，远处则见到红、黄、蓝、白、紫的闪光。此外，还有人看到从地裂缝内直接射出的蓝白色光，以及从地面喷口中冒出粉红色火球，光球像信号弹一样升起十几米到几十米后消失。

地光发生的原因有人认为是地震前地电和地磁异常，使大气粒子放电发光所致；也有人认为是放射性物质的射气流从地下的裂缝中射出，在低空引起大气电离，因而发光。尽管原因还没有彻底查清，但由于地光有时出现在大震之前，因此它是临震前的一种前兆现象，可以用来进行临震预报。1976 年 5 月 29 日 20 时 23 分和 22 时在云南的龙陵、潞西一带发生 7.5 级与 7.6 级两次强烈地震时，负责地震值班的同志观察到震区上空出现一条橘红色的光带，便当机立断，拉响了警报器，疏散人员，避免了重大伤亡。

此外，地球物理场异常还可能表现为：电磁场现象异常、地声等等。

1855 年，在日本江户闹市区有一位开眼镜铺的商人，他用长约 90cm 的一个马蹄铁，在马蹄铁上面粘满铁钉，用此来招引顾客。但是，在 1855 年江户大地震发生的当天，吸到磁铁上的铁钉及其他铁制商品，突然掉落在地，使他大为惊愕。两小时后，一次破坏性大地震发生了，震撼了整个市区。地震过后，发现那块磁铁又恢复了往日的吸铁功能。类似的事件，在我们国家也曾多次出现。

1970 年 1 月 5 日，在云南通海发生 7.8 级地震。震前，震中区有些人在收听中央人民广播电台的广播，忽然发现收音机音量减小，声音嘈杂不清，特别是在震前几分钟，播音干脆中断。再如，1973 年 2 月 6 日四川炉霍 7.9 级地震之前，县广播站的人发现，在震前 5—30 分钟，收音机杂音很大，无法调试，接着发生了地震。

地震前磁场变化，很早就被人们注意到了。1872 年 12 月 15 日印度发生地震前，巴西里亚至伦敦的电报线上出现了异常电流；1930 年日本北伊豆地震时，电流计也记录到了海底电线上的异常电流。

地震能引起电磁场的变化。一般认为磁场变化的原因有两个，一是地震前岩石在地应力作用下出现压磁效应，从而引起地磁场局部变化；二是地应力使岩石被压缩或拉伸，引起电阻率变化，使电磁场有相应的局部变化。岩石温度的改变也能使岩石电磁性质改变。唐山地震前两天，距唐山 200 多 km 的延庆县测雨雷达站和空军雷达站，都连续收到来自京、津、唐上空的一种奇异的电磁波。因此，观测电磁场的变化也成为预报地震的主要手段之一。

据调查，距 1976 年唐山 7.8 级地震震中 100km 范围内，在临震前尚没入睡的居民中，有 95% 的人听到了震前的地声。震前地声最早出现在 7 月 27 日 23 时左右，这些早期听到的地声比较低沉。如在河北遵化县、卢龙县，很多人在 27 日晚 23 时听到远处传来连绵不断的隆隆声，声色沉闷，忽高忽低，延续了一个多小时。在京津之间的安次、武清等县听到的地声，就像大型履带式拖拉机接连不断地从远处驶过。在剧烈的地动到来前半个小时到几分钟内，震区群众听到了不同类型的地声。据后来人们回忆，有的听来犹如列车从地下奔驰而来，有的如狂风啸过，伴随飞沙走石、夹风带雨的混杂声，有的似采石放连珠炮般声响，在头顶上空炸开，或如巨石从高处滚落。这奇怪的声响和平日城市噪声全然不同。

地声一般出现在震前几分钟、几小时，几天或几十天内。实际上临震前几分钟内出现者居多。所以地声确是一种临震的信号。有的震区就是因为重视奇怪的地声现象，使人们躲过了灾难。

1830 年 6 月 12 日河北磁县发生 7.5 级大震，震前人们听到地声如雷吼，若千军涌溃，万马奔腾，于是争先恐后，扶老携幼，走避空旷之区，紧接着发生了屋宇倾颓，砖瓦雨下的地震灾害。

1855 年 12 月 11 日辽宁金县发生 5 — 6 级地震，当地人民未震之时，先闻声如雷，于是早已预防，从住房里躲避出来，"所以未经压毙多人，只伤男妇子女共七名，"大大减轻了伤亡和损失。

根据地声的特点，能大致判断地震的大小和震中的方向。一般说，如果声音越大，声调越沉闷，那么地震也越大；反之，地震就较小。当听到地声时，大地震可能很快就要发生了，所以可把地声看作警报，应该立即离开房屋，采取紧急防御措施，避免和减少伤亡损失。

（5）地质现象异常。

从多年来的大地测量结果中发现，我国几次较大的地震：如1966年邢台地震、1969年渤海地震、广东阳江地震、1970年云南通海地震、玉溪地震等等，震前都有地形变活动。

以邢台地震为例，震区内某水准点的高程变化。从1964年12月开始，一反其历年来长趋势下降的常态，以每年82~110mm和速度急剧上升，到1966年3月15日突又转为迅速下降。

1968年山东郯城8.5级地震之前，在震中区东面海上有个小岛，由于地面慢慢隆起，小岛不断上升，后来居然同大陆连成一片。地震爆发时，极震区东侧猛然上升，使相邻的江苏赣榆东面的海水后退了15km。

在美国地震学家沿着圣安德烈斯大断层共布设了80多个观测点。由于这条断层的活动，使得加利福利亚州西海岸成为世界上地震最频繁的地区之一。圣安德烈斯断层的突出特点在于水平方向错动。如1906年地震时，一次断层两侧错动了6.4m，按地质方法推算，从侏罗纪到现在，该断层水平位移量已达500km。目前据卫星测定，该断层有的地段水平剪切相对速率可达每年5cm。

日本在几次大震之前，也发觉了异常变化。如1964年日本新潟地震之前9小时左右，发觉了应变异常。当时在距主震震中70km远的20架垂直向应变仪(垂直伸缩仪，放在40m深的井内)中，有15架记录到地面发生0.3 ~ 0.4mm的垂直膨胀。

我们已知道，地下断层的活动是大多数地震发生的直接原因，大地形变测量能够监视断层的活动，配合其他方法，如地声可监视断层微破裂等等，就有可能准确地判定断层活动的状态，沿着这个思路，大地形变测量能为地震综合预报提供极其有用的判断依据。

（6）气象异常。

地震前，尤其是大震前，往往会出现多种反常的大气物理现象，如怪风、暴雨、大雪、大旱、大涝、骤然增温或酷热蒸腾等。与此相应的温度、气压、湿度的变化，会使人体感到不适。

1503 年 1 月 9 日，江苏松江地震，震前有"风如火"的记载。

1668 年 9 月 2 日，山东莒县地震，震前"酷暑方挥汗、日色正赤如血"的记载。

1920 年 12 月 16 日，宁夏海原地震，有"未震之前数日，四面天边，变黄如火焰，晴空干燥，人均感觉焦灼干燥"的记载。

1925 年 3 月 16 日云南大理地震，震前有"久旱不雨，晚不生寒，朝不见露"的记载。

1975 年 2 月 4 日，辽宁海城 7.3 级地震之前，虽已是严冬季节，天气却特别暖和，有时能听到雷声；个别阴坡没有冻土，长青草，有的地方还发现蝴蝶和昆虫。1 月 31 日出现高温低压，从 2 月 2 日起气温连续上升，气压急剧下降，到 2 月 4 日，日平均气温出现顶峰，比常年高 8℃。另外，2 月 3 日上午 3 时至 10 时，震区气温突然上升，形成一个以海城为中心的急剧升温区，2 个小时内海城增温 12℃，而离海城较远的大连市增温 2℃。

1973 年 2 月 6 日四川炉霍发生 7.9 级地震，震前几小时风尘大作，风向紊乱，上下乱窜。1966 年 2 月 5 日，云南东川发生 6.5 级地震的前三日连续有霾，震前一日霾的浓度最大。1971 年 3 月 23

日新疆乌什发生 6.3 级地震前几天，雾气腾腾，灰尘满天。1975 年2 月 4 日辽宁海城 7.3 级地震前不久，星空突然昏黑，地上伸手不见五指，大震过去后，很快又亮了起来。

大震前的各种大气异常现象，近年来有很多报导，可以说，临震大气物理现象都不是孤立的，但由于地震前兆现象和气象本身的自然现象容易混淆，还必须进一步加强研究。

宏观前兆现象出现与消失时间很短，不注意或不广泛发动群众监视，往往就会漏掉异常。因此，我们一定要重视群测群防工作。

2.3.4　人们对动物行为异常作为地震宏观前兆的研究

有关地震前的动物习性异常现象，我国至少在 1000 多年前就有明确的记载。约在公元 650 年，就有"鼠聚朝廷市衢中而鸣，地方屠裂"的记载（《开元占经·地境》）。公元 787 年，陕西长安附近发生地震，史书上也曾记载："震前，巢鸟惊散"。1956 年出版的《中国地震资料年表》中列出的中国历史上震前生物反应的数据有126 条，涉及 24 种动物。1966 年出版的《地震常识》中就有明确的动物行为异常是地震前兆的记载。1977 年中国科学院生物物理—动物研究所地震生物组撰写了《渤海强震前动物行为异常反应调查报告》，文中说明震前动物行为异常是重要的地震宏观异常，相关的工作引起了国际地震学界的重视。

动物行为异常作为地震宏观前兆的系统研究大致可分为 3 个阶段，其中 1966 年的邢台地震，1975 的海城地震和 1976 年的唐山地震有特殊的时代划分意义。

1966 年 3 月 8 日，在河北邢台发生了 6.8 级地震。这次地震没有前震，又发生在人口较为稠密的河北省，人民的生命财产遭到了很大的损失，因此引起了举国上下的重视。我国实质意义上的地震预报研究就是从邢台地震以后开始的。

邢台地震中出现了大量的动物行为异常现象。震后，中国科学院生物物理研究所的科研人员进入震区，对震前的动物行为异常现象进行实地考察。通过近 2 个月时间对 10 余个公社的调查，得到了一些震前动物行为异常的基本认识。

1967—1970 年期间，中国科学院生物物理研究所和动物研究所，以及中国农业科学院畜牧研究所的科研人员组成的地震生物学研究组先后在邢台地震区建立了 5 个动物观察点，对家鸽、猪、狗、泥鳅和猫等多种生物物种进行了观察，通过 3 年多的观察研究，对这些动物的行为活动特点，以及与季节变化和天气变化等环境因素的关系有了进一步的了解，并取得了某些动物震前行为反应的实际震例资料。

1968 年 9 月 17 日，根据鸽、猫等动物的行为异常反应，分析认为 48 小时内将有 4 级左右地震发生，结果 9 月 18 日 22 时 38 分发生了 4.2 级地震。这次强有感余震前 4 天内（9 月 14 ~ 17 日）观察点附近 50 km 内未发生 3 级以上的有感地震，所以出现的动物行为异常具有相当的可靠性。这应当认为是某种意义上的利用动物的震前行为异常进行的试验性地震预报。

在这个阶段的实验表明，有 58 种动物在地震前存在着不同程度的异常反应。据观察，野生动物中的虎、狼、鹿、熊猫、猴、老鼠、鹰、天鹅、蛇、甲鱼、青蛙、鳝鱼、蚂蚁等，对将要发生的地震都较为敏感；人工饲养动物中的马、牛、驴、狗、猪、羊、猫、兔、鸡、鸽子、蜜蜂等，也在地震前有所反应。

1966 年的邢台地震后至 1975 的海城地震前，我国又相继发生 4 次 7 级以上地震：1969 年 7 月 18 日渤海地震，1970 年 1 月 5 日通海地震，1973 年 2 月 6 日炉霍地震和 1974 年 5 月 11 日昭通地震。这 4 次 7 级以上地震为震前动物行为异常现象的观察研究提供了极其难得的机会。由于邢台地震后震前动物行为异常现象得到了广泛宣传，并建立起不少动物观察点，使这些大震前的动物行为异常事件有的在震前被观察到，并有明确的记录和相当的可靠性。

虽然大部分仍是震后调查的，但不少目睹者已有一定的分析和判断，回忆具有相当的明确性。这 4 个震例检验了"震前动物行为异常是 1 种临震前兆"的认识。地震科技人员开始意识到震前动物行为异常事件在时空分布上具有一定的特点，与未来大震的发震时间、地区及其断裂带有一定的内在联系。这些认识不仅促进了对海城地震前的动物行为异常现象的高度重视，并对分析和判断海城地震前的动物行为异常与海城地震的关系提供了基本依据。

1975 年 2 月 4 日，辽宁海城地区发生 7.3 级地震，在地震之前我国的地震科技工作者成功做出了预报。这是世界上第一个在大震前成功发出预报的震例。在海城地震前，大量的动物行为异常现象，尤其是罕见的冬眠蛇出洞事件以及动物行为异常在震前向震中区集中的变化特征等，为大震的预报提供了前兆依据。

直到现在，地震群测群防工作中利用动物行为异常预测地震的做法仍然是建立在这一经验基础上的。根据震后的复查和核实，海城地震前有 30 种动物出现异常现象，共约 850 余起。

1976 年，海城地震前的动物行为异常现象及其在地震预报中的作用在国际上交流后，引起了广泛注意。此后，国际地震学界掀起了震前动物行为异常研究的热潮，试图通过地震前动物行为异常现象的研究深入地认识地震前兆现象，发展出有效的监测手段。

美国地质调查局曾数次召开地震前动物行为异常讨论会，介绍和评论中国在动物与地震方面的研究情况，建立了自己的研究计划。主要的工作内容包括：动物对声和振动的探测；电磁场的震前变化与动物行为异常；动物行为异常与地震活动性的关系研究；震前空气中异味的释放与动物的探测和认别等。

日本的震前动物行为异常现象的研究主要是震例资料的搜集和少数的实验研究，其中对鲶鱼在震前异常活动给予较多的关注。

苏联在 1975 年海城地震后对震前动物行为异常现象开展了一些研究，在塔什干地震高发区已建立起动物观察站，1990 年后亚美尼亚地震区建立了动物观察网，特别是对蜥蜴在震前活动异常与感知能力的研究有独特之处。

1976 年唐山地震的预报失败不仅对地震预报工作给予沉重打击，也给震前动物行为异常现象研究带来了巨大的负面影响。这是震前动物行为异常研究进入低谷的起始。

唐山地震后的调查表明，唐山地震前出现异常现象的动物有 30 余种，共 2200 多起。动物的震前异常行为的主要表现形式与以往历次强烈地震的调查结果基本相类似，主要为惊恐性反应，少数为忧郁性反应。唐山大震前3个月内唐山地区一直保持着很低的地震活动水平，主震前的81天内地震异常平静，连微震都没有记录到。唐山大地震是在人们正常生活中发生的突然事件，人们的心理状态没有受到预报消息和前震活动的影响，所以所观测到的动物行为异常及其所反映出的愈接近临震愈加剧的特点，是比较真实和可靠的，是确实与唐山大震有关的前兆现象。这些动物的震前异常在7月27日20时左右达到峰值，但这时正是白天劳动的人们收工回家照料家养动物进窝归圈和喂食时间，动物不进圈、在圈内乱闹乱叫、不吃食等异常行为被忽视了。临震前正值夜深人静，只有那些强烈的动物行为异常才能惊醒人，这使得当时出现的动物行为异常现象可能有不少未被观察到。

与海城地震相比较，唐山大震前动物行为异常现象出现时间的超短性使人们无法及时将之汇集，从而为临震预报提供有用的信息，而仅仅只能为少数目睹者防震自救提供预警信号。

现在，震前动物行为异常研究的热潮已经过去，有关震前动物行为异常的观测和研究正处于低落时期。美国的震前动物行为异常研究已十分冷落，因得不到资助基本上已很少开展。日本、意大利等一些国家只有极少数的专业人员从事这方面的工作。中国也只有少数科学家在坚持开展这方面的观测和研究工作。

震前动物行为异常研究从开始进行到成为热点又趋于冷落的过程也充分表明地震预报是仍在探索中的世界性难题，对地震的孕育过程及其可能在地表观测到的地球物理和地球化学前兆还缺乏足够的科学认识，作为地震前兆次级反应的动物行为异常现象就更为复杂。但是，动物分布的广泛性及其与人类生活的密切性，决定了强烈地震前所出现的动物行为异常可能为人们提供地震发生前的警报信号，特别在临震前的短时间内可起到其他地震前兆监测手段难以替代的作用。

2.3.5 地震前为什么会出现动物行为异常

1996年5月3日包头西6.4级地震前发现多起动物异常：

据公开发表的资料，阵前几天前到几分钟，共发现100起狗的行为异常，主要表现是烦躁不安，昼夜狂吠不止；发现60多起鸡的行为异常，鸡天黑不进窝，悲啼不止，成群惊飞；共发现7起兔的行为异常，家兔不进食，乱蹦乱跳；共发现14起羊的行为异常，不进圈，悲嚎不停，甚至惊逃……

强震前动物的鸣叫与平时不同，人们普遍反映其声音发颤，透着悲哀，像哭嚎一样。无人惊吓而突然发疯似地乱跳、乱蹦、乱蹿，表现惊恐状，烦躁不安，带有突发性、群体性特征。

其空间分布的特征是，愈接近震中区异常种类愈多，异常量愈大，行为异常愈强烈，异常出现的时间也愈早，一个6.0级左右的中强震，宏观异常半径一般约70 km左右。

从时间分布看，在震前5至10天动物异常占7%，2至5天占16%，1至2天占18%，震前1天占26%，到震前几个小时占33%，愈临近发震其异常种类愈多，异常行为也愈强烈（见下表）。

动物异常一栏表

震前出现异常时间	10–5 天	5–2 天	1 天	1–数小时	几分钟
动物异常行为表现	鱼死亡	鱼呆滞、死亡；蛙呆滞、慢爬行、不怕人；蛇出洞、乱蹿；鼠搬家	鸡不进窝、惊叫；狗挖坑、烦躁不安、狂吠；羊不进圈、悲嚎；猪不进圈；鱼上浮、靠边游；鼠乱蹿、惊恐	狗狂吠（悲嚎）不止、惊逃、不进食；羊悲嚎、惊逃、猪惊逃、嚎叫不停、不进食；猫突然死亡、惊逃、咬主人、悲嚎不止；鱼上浮、个别跃出水面；鸡惊飞、啼鸣不止；燕惊飞（成群）	鸡惊飞（成群）、悲啼不止；牛狂奔（疯状）、悲嚎（个别）；驴惊逃（疯状）、悲嚎（个别）；骡惊逃（疯状）；羊惊逃（狂）、悲嚎（群）；猪惊逃圈外；鱼跃出水面（群）

　　研究认为，最早出现行为异常的是水生和穴居动物，而后是家禽和小家畜，像牛、马、骡、驴等大牲口（畜）异常出现最晚，大约在震前数分钟才出现强烈的行为异常。

　　动物在地震前所出现的行为异常活动，绝大多数是通过感觉器官对周围环境中所出现的某些与地震发生有关的地球物理、地球化学信号的感觉传导反应，并以某种形式的行为活动表现出来。实验和实际观测数据表明，地震的孕育过程是地壳应力不断积累、传递、集中，直至超过地壳的承受能力而失稳的过程，在此过程中地下的岩石在应力作用下经过均匀破裂、破裂加速和失稳加速的发展过程，直至快速破裂发震。在这个过程中引起当地一系列的地形变、地球物理场和地球化学场的变化、宽频带振动等。这些变化中的一部分能量会转换成电、磁、声、光、气、热和波动等形式释放。这些生物生活环境条件的微小变化通过不同方式作用于动物的不同感觉器官，就会刺激动物机体，发生行为反常的变化，由此产生动物宏观异常。

在生物进化过程中，动物以自然选择的方式形成了某些特异的感觉系统。有的物种可能发展出敏感的听觉系统，具有很好的次声或超声听觉；有些动物的感觉系统能感觉到外界的微弱振动；有些动物具有对外围电场变化极其敏感的电感受功能。

科学家发现，在家鸽腿部有一种能感觉微小机械振动的小体，十分之几 μm 幅度的振动就可以引起它们发放神经电。科学家做了一个实验，将一些家鸽的小体神经切断，结果在一次 4 级多地震前，多数没有切断小体的鸽子惊飞，而切断小体的鸽子安静如常。

许多鱼类对水中电位场变化具有灵敏的感觉。鲑鱼在大海中遨游之后，能凭借嗅觉和记忆，返回到自己出生的河流上游去产卵；鲨鱼和鲇鱼以低频或高频生物电感受器来发现食物目标和通讯联系。鱼类的耳朵和胸腹两侧的侧腺是一种特殊的传感系统，对微弱的震动具有高度的敏感性。鲶鱼在地震前表现得暴躁不安，一直维持到地震发生，可能就是接受到电与振动信号。日本人把鲶鱼群的大规模异常游动作为地震的前兆就是这个道理。

有些爬行动物有一种所谓的腔壁器官，称为"第三只眼"，这个器官位于间脑的末端，在负责调节神经系统的骨骺旁边。蜥蜴的"第三只眼"通过一个专门的小孔伸到了体外，能"看到"预兆地震的低频地磁场。1990 年，苏联克里米亚的苏达克市发生 6 级地震之前，科学家们在离震中 40 km 的地方就发现了蜥蜴的异常举动。地上铺满的蜥蜴在山岩和石头上直立着排列成行，因为这种竖向姿势能帮助它们适应地磁场的强度和方向。

灵长类动物黑猩猩在地震前也能有感应。人作为高等动物在地震前也可能会出现异常反应，具体表现和敏感程度因人而异，但难以考证。1976 年唐山地震发生以后，就有人称自己在临震时，异常心慌，感到害怕，产生了一种恐怖感，甚至全身打颤。

地震前，地应力会使动物居住的洞穴产生形变、破裂，造成地下水侵入或地下有毒气体逸出等，直接影响穴居动物而导致其异常反应。蛇能感受到硫化物气味结束冬眠；老鼠是啮齿目动物，在地震前出现异常的原因可能有 4 种：老鼠体内肠系膜、骨间膜等处生有环层小体，对机械振动敏感，可能探测到震前岩石微破裂时的地声信息；老鼠听觉灵敏，加上洞穴对声响的混响和谐振作用，使其接受敏感性大大增加，从而可能受到外部的次声或超声刺激；老鼠嗅觉很灵敏，可能嗅到了强烈地震前地下溢出的某些气体味道；老鼠敏感的第六感觉可使它早早逃避灾难。

狗能感受到数万种物质的气味，并且能感觉到十分微弱的气味，这使得狗能感觉到地震前产生的特殊气味，并产生异常行为反应。

有的动物行为异常则可能是因为震前电磁场、静电场等发生变化，直接刺激动物的中枢神经系统，从而导致其中枢神经系统机能状态突然紊乱。

已有的地震前动物行为异常初步研究表明，动物对地震的感知能力还与动物的形体、生活习性和所处的特殊生活环境有关。驯养动物对环境变化的警觉性低于野生动物；穴居动物比地面上的动物感觉更灵敏，反应时间最早；小动物比大牲畜感觉更灵敏。不同地点、不同时间，动物行为异常的表现也不一样。发生在海边的地震，海洋鱼类的反应就比较敏感。

动物行为异常目前在地震分析预报，尤其是临震预报中占有相当重要的位置。由于绝大多数动物行为异常都集中在地震前 1 ~ 2 天，主要是震前 10 个小时，因此动物行为异常已被作为临震判断的 2 条重要依据之一。在一定的条件下，如果出现了小地震增加、大量动物行为异常这 2 条中的 1 条或 2 条，有关部门就可能做出临震预报。同时，由于震前动物行为异常现象在地区分布上是不均匀的，主要集中分布在未来的发震构造、沿活动断裂带走向及断层的拐点、交叉点、端点地区，那些动物行为异常现象密度大的地区可能就是未来地震的极震区或高烈度异常区。有学者指出，7 级左右强烈地震前，动物行为异常反应范围可达 100 ~ 200 km，甚至更远。

2.4 初步判断异常现象与地震的关系

2.4.1 如何判断地下水异常现象是否与地震有关

地下水泛指埋藏和运动于地表以下不同深度的土层和岩石空隙中的水，在地表表现为井水、泉水。地下水是水资源的重要组成部分，由于水量稳定，水质好，是农业灌溉、工矿和城市的重要水源之一。

利用地下水的变化作为地震前兆研究的一种方法，主要是基于强震孕育的动力学原理，即在区域构造应力作用下，地壳介质受到力的作用而发生变形破坏时，赋存于介质中的流体在动力作用、热力作用和化学作用下对介质的一种比较灵敏的反应，一部分流体通过各种通道上升到地壳浅层，在地表出现多种类型的前兆现象。这可以很简单理解为在一个塑料瓶子里面装了多半瓶水，若用手把瓶子握紧捏扁，则瓶里的水必然会升高甚至溢出瓶口，也就是地震监测中水位的上升；若瓶子上部有一个小裂缝，则捏扁时水有可能流出瓶外，则水位可能就没有明显上升，更进一步，如果塑料瓶中装的是汽水，则在握紧时瓶中不仅是水的升高，来回摇晃或反复捏紧、放松之时，还会伴随着气泡的产生，气泡的多少一方面和汽水本身含有气体的量有关，另一方面也与捏紧或摇晃的力度有关。瓶中水位的高低以及气泡释放量的多少也正类似于地震前监测井中水位的上升或下降变化以及水中逸出气体含量的多少。当然，地震孕育及发生前地下岩石受力变化以及地下水位的变化要比瓶中水的变化复杂的多，其影响因素也更为多种多样。

在较强地震发生前，地下水（包括井水和泉水）常常会出现明显的异常现象。一般在较大范围区域内出现不同的异常现象：有的井水水位迅速上升，溢出地面；有的井水则急剧下降，甚至井水干涸。在没有井的地方，有的会出现冒水。有泉水的地方，泉水有的会断流；有的水面上飘浮油花、冒气泡、水打转儿、变浑、有怪味、翻泥沙等；有的井水味由甜变苦，或由苦变甜；有时水温升高。

1966 年 3 月 8 日河北邢台 6.8 级地震前，50 多个市县发现地下水异常。主要是井水位大幅度升降：震中区及其邻近地区以上升为主，而外围则以下降为主，多在震前 1 ~ 2 天出现。

1976 年 7 月 28 日河北唐山 7.8 级地震前，在河北、山东、辽宁、吉林、江苏等广大地区发现几百起地下水宏观异常，还有废井喷油、枯井喷气等异常现象。

地下水处于运动状态，因此，含水层中地下水与岩土颗粒之间发生各种各样的物理作用与化学反应。由于含水层的埋藏深度与岩性不同，地下水运动速度有差异，物理作用与化学反应的类型与强度也不等，导致不同含水层中的地下水具有不同的物理特性与化学组分，表现出颜色、味、嗅、透明度等不同。由于地下水储存并运动于地下深处，可把地震活动的信息带到地面上来。因此，很多地震前可以发现有些井水与泉水的物理化学特征发生明显的变化。这种变化，就是地下水的地震宏观异常。

在空间分布上，震前地下水异常点大都沿相关构造带展布，或呈象限性分布，临震前有从四周逐渐向震中高烈度区靠拢的趋势。

地下水出现异常现象，并不意味着一定会和地震有关系，在实践中一定要注意分析和甄别。下面是有关学者总结的一些非震异常产生原因及鉴别方法：

（1）水位流量的变化。

水位与流量的正常动态，主要受气候变化影响而具有周期性。其周期变化有多年的、1 年的和昼夜的几种，特别对浅层水来说，表现更为明显。

地下水动态每年有一个高水位期和低水位期，我们要搞清水位流量发生的突然变化，必须将该井孔或本地区的正常规律调查清楚。这样，才能在对比中发现影响该井动态的异常原因。

做为观测井，应该是承压水井，最好是深井。观测井最好位于断层破碎带上，井口没有雨水倒灌，理想的是不抽水不提水的"闲"井。观测工具可以是绳下吊着重物的测绳（绳上要有刻度），最好是用测钟或半导体水位仪、触点式水位仪等简易仪器。每日定时测一次，在非"闲"井上观测时，最好选在清晨无人提水时观测；观测井口某一固定点到水面的距离。把观测水位（埋深）值按时间顺序点在坐标上，连续观测后就会显现出该井水位的年、季、月正常变化规律，如夏时水浅，冬季水深，雨后水涨，旱时水落等等。

通常，气象因素、人为因素和震后效应，都能造成地下水位、流量变化。

气象因素主要受降雨影响，尤其是浅井，如果距离含水层补给源较近，土质又多为砂土，降水时间稍长，水位、流量就会有很大反应。深水井一般离含水层补给源较远，上面往往能够覆盖较厚的隔水层，由当地降雨造成的补给比较困难，但降雨水体对地面形成的附加应力作用，可以使深井水位变化。此外，气压作用对水位也有影响，在低气压过程中，反应灵敏的承压井水位可能上升。

人为因素对地下水的动态影响是重要方面，落实异常时必须特别重视。常见的人为因素有：地下水开采矿床输干等造成的水位下降，以及工农业季节开采造成的年度水位变化；水库放水、农田灌溉、油田回灌，造成井水位的异常变化；井水管道、自来水管道的堵塞、破损等，造成的水位、流量变化；人为工程改变了天然地下水动态，出现水位涌高及工程损坏等。

一次大地震后，在震中区常因地震裂缝沟通造成地下水量、水质的变化。在大地震影响区，因面波造成的断层活动及地表土层形变使含水层连通或堵塞，造成的水位变化；遥远地震波造成的水震波效应，形成水位快速波动与水面振荡及发响等，都不是地震前兆，而是震后效应。

井水位异常有多种可能性。井水位在某一时段内下降过大的异常，常见于北方地区。当发现某一井水位下降幅度过大或下降速率过快时，可以从以下几个方面调查分析：首先进行测量，把井水位下降的时间、幅度或速率等特征记录下来。其次，分析是否与天气干旱有关，特别要注意以往的干旱年份是否出现过类似情况。调查该井附近是否有新井抽水或旧井增大抽水量，分析抽水井引起该井水位变化的可能性，如两井是否为同层水，两井间距的大小，抽水时间与井水位下降时间的关系等，必要时可做抽水试验进行验证。如果分析结果否定了上述影响因素，则可怀疑这种异常与地震有关，接着调查以往地震前该井是否有过类似的异常。如果所在地区没有发生过较大地震，则可参考其他地区的井在地震前是否有过类似的异常。若有，则可认为是地震宏观异常。倘若没有，暂可不确定是地震宏观异常，但要继续关注其变化。

（2）井水发响、翻花、冒泡。

地震前井水的翻花冒泡，一般是地下深处的气体上涌引起的。

冒出的气体具有特殊的组分，有时温度还比较高，其规模与强度都较大，有时还伴随有响声，这很可能是宏观异常。

但有时见到的井水翻花冒泡，与地震无关，它一般在小规模、局部范围内出现，冒出来的气体多是空气或地表浅层产生的气体。在一些平原区或湖泊发育地区，地下浅处岩层中往往含有较多的有机质，如草木死亡后的堆积层，它们腐烂时会放出一些气体如沼气等。这些气体，平时释放很弱，很分散，一般人们感觉不出来，但当气温特别高或岩层所处的环境发生某些变化时，它们就突然从某一口井中集中释放出来，导致井水翻花冒泡，严重时井水面上出现旋涡与"呼隆呼隆"的响声。

井水发响较为常见，常出现于春或初夏，一般与地震无关，多为由上部含水层的水落入井水面引起。如一个地区有多层含水层，一口井揭露出 2、3 个含水层，而主要出水层在下层时，如果上层水由于干旱或长期开采而成为无水的"干层"之后，当春季冰雪融水渗入上层或初夏第一场大雨渗入到上层时，上层由"干层"变成"水层"，层中的水将流向井中，但因井水主要为下层水，水面位于下层出水处，由上层流入井的水落入井中下层水面时发出响声。这种现象，在井口用多节电筒等照射井壁与井水面仔细观察后，不难核实。

（3）井水发浑。

井水发浑变色等现象，要具体情况具体分析，并非都是地震宏观异常。

夏季井水发浑，多由井壁坍塌引起。暴雨季节，或由井口倒灌了地表的混浊水，或是含水层接受大量降雨渗入补给后水流变大、水流速度加快，把含水层内平时无法携带的微粒带入井水中，也可使井水发浑。

前些年，某地一口井，一度井水变黑、变味、变浑，引起一些人的恐慌，认为可能是地震宏观异常，但经核实后否定。原来该井所在地的地下水流的下方新打了几口井，由于连续抽水浇田，地下水位大幅度下降，含水层内水流速度加大，开始只是把含水层内的砂粒带进井水中，后来含水层松动，牵动顶部含黑色淤泥质的黏土隔水层，将黑色富含有机质的黏土颗粒也带入井中，使井水发浑变黑且有了怪味。

有些深井水变浑变色与水泵有关。水泵的叶轮常常是铝制的，当叶轮发生故障或磨损过大时，叶片被磨出很多细小的铝粒，悬浮在井水中，且随水流进自来水，使水变浑且呈灰黑色。

有些井水变浑，与井管滤砂网因使用太久而破损有关。一般松散土层中的抽水井，在地下含水层深度段上一般都设有滤水管，其外包有金属制的滤砂网。滤砂网陈旧破损时，失去滤砂功能，使含水层中的细小砂粒流入井水中，导致井水发浑变色。当砂粒中含有较多云母片时，还会使井水闪闪发光。

与地震无关的地下水的水质变化，大部分是由于各种污染（物理污染、化学污染、生物污染等）造成的，如变色、变味、出油等等；由于震后效应的影响，也可能引起井水的变味、变浑。

（4）水质、水温的变化。

地震前井、泉水温度突升，是由于含水层及其邻层受力状态发生变化，特别是微裂隙的产生或沟通深部含水层的断层破碎带松动，使深层热水上涌引起，但这种异常并不多见。

平时常见的井水温度突升，往往是由于冬季供暖水管破裂，引起暖气水渗入浅层含水层，或井内泵头机械磨损，与动力电漏电等引起的，特别是泵头机械摩擦引起的井水升温现象，较多见。当井水长期被开采，井中水位逐渐下降，降到泵头附近时，部分泵头露出水面，水泵处于干磨状态，产生大量摩擦热，使抽上来的水升温明显升高，显然和地震没有任何关系。

2.4.2 如何判断动物异常现象是否与地震有关

必须注意的是，很多动物在地震前有明显的异常反应，可作为地震宏观异常，但动物异常行为并不都是地震宏观异常，诸如气候的突变、饲养状况的改变、环境污染等外界条件的改变，以及动物本身的生理变化、疾病等，也可以引起动物的异常。

1987 年 2 月 9 日，有人发现，四川省广元市朝天镇的铁龙桥下，出现数以千计的癞蛤蟆聚会奇观。这些大小不一的癞蛤蟆，互相追逐，在桥墩周围的浅水中嬉戏，交配、产卵，这一现象持续两天之久。然而，经落实，这是与当年气候变化有关。当年气候比前一年同期偏高，从而导致穴居动物提前复苏出洞、交配。因此，排除了这是地震前兆现象。

那么，该怎么准确识别动物异常能否作为地震前兆呢？

（1）昆虫类动物异常的识别。

昆虫类中，蚂蚁与蜜蜂具有群体生活习性，因而容易发现其异常。

蚂蚁的日常行为主要是垒巢与寻找食物。夏季，当天气转阴，即将下雨时，气压变低，温度升高，湿度增大，蚂蚁会成群结队地往高处搬家，到高处垒巢，向高处运食，其规模浩浩荡荡，这种现象一般不是地震宏观异常。然而，在旱季出现这种情况，则要考虑有可能为地震宏观异常。有时在严冬季节，蚂蚁们惊慌搬家，甚至往人身上乱爬，也可能是地震宏观异常。

蜜蜂一般天天早出晚归，忙于采蜜。当发现成批成群地早出晚不归时，就要注意是否为地震宏观异常。然而，有时蜜蜂得了流行病，成群幼蜂在箱内死亡，或蜂箱内钻进了有害的其他昆虫时，会出现晚不归的情况，甚至成千上万只蜜蜂远走高飞，不愿回巢。因此，发现蜜蜂不归时，要仔细观察与分析其生存条件是否发生了变化。在确定没有发生变化的前提下，才能考虑可能出现了地震宏观异常。

（2）鱼类动物异常的识别。

常见的鱼类行为异常是指鱼"浮头"、"跑马病"、"跳水"、"蹦岸"等现象。

鱼"浮头"在鱼塘中较为常见，多为鱼缺氧而浮出，特别是天气闷热、阴云密布、气压低时，水中氧气含量减少，鱼不得不浮上表层，从空气中呼吸氧气。然而，不同的鱼对缺氧的忍耐程度不同，一般鲫鱼最强，鲤鱼次之，鲢鱼再次，鳊鱼最弱。因此，不同的鱼浮头的时间也不同。如果在晴朗多风的季节，各类鱼同时大规模浮头，甚至跳出水面，蹦到岸上，有可能是地震宏观异常。一般说来，泥鳅对地震的反应较为灵敏，应特别予以注意。

"跑马病"指成群的鱼向岸边狂游的现象。这种现象多为鱼塘内鱼的密度过大，饵料严重不足引起，一般不是地震宏观异常。如果鱼塘内的水没有被污染，也不严重缺氧或缺饵料，出现成群的鱼"浮头"、"跑马"、"跳跃"、"蹦岸"，甚至大量死亡时，要特别注意，或许有可能是地震宏观异常。另外，无论是鱼塘、水库，还是江河湖海中，如果发现鱼特别容易上钩进网，捕鱼量大大增加，甚至在海中平时不易捕捞到的深水鱼也被捕到，这种不寻常的现象要考虑可能是地震宏观异常。

（3）两栖类动物异常的识别。

青蛙是最常见的两栖类动物，其地震宏观异常多表现为反季节的搬家。青蛙是冬眠的，如果在冬季发现青蛙活动，则可能是地震宏观异常。在青蛙繁殖季节，有雄蛙爬在雌蛙背上，好像"大蛙背着小蛙逃难"的现象；还有些雨蛙、树蛙有爬树现象，均为蛙类正常生活习性，不是地震异常。

蛇的地震宏观异常多为冬眠季节爬出洞。有时，非冬季发现成群的蛇集体搬家，也可能是地震宏观异常。

（4）鸟类异常的识别。

鸟类中以鸡、鸭、鹅、鸽的异常为多见。

鸡在天气将要阴雨时，往往不愿进窝，甚至高飞上树；有时鸡窝中出现黄鼠狼、蛇等动物或天空有猛禽飞过时，鸡会惊叫，乱跑乱飞，这些都是外界干扰引起的假异常。但成群的鸡无缘无故地鸣叫，乱跑乱飞，飞上房顶、树梢，甚至高空长飞等，有可能是地震宏观异常。

鹅、鸭是喜水家禽，平时喜水善游，安详从容，如果突然惊飞下水或惊叫上岸，甚至赶不下水等，可能是地震宏观异常。

鸽子不进窝，或窝中乱飞乱叫，甚至冲破网笼，远飞离去等，有可能是地震宏观异常。有时飞来一些不合时令的候鸟，或出现从未见到的野鸟，有时成群的野鸟在林中悲叫不止，可能是地震宏观异常。

（5）哺乳类动物异常的识别。

哺乳类动物中以鼠、狗、猫与大牲畜的异常为多见。

鼠类一般夜间活动，胆小怕人。如果大群老鼠旁若无人地在白天活动，惊慌失措，成群搬家，甚至把小鼠搬到有人的住室或床上等，就要考虑可能是地震宏观异常。夜间，成群的老鼠在屋内外乱跑乱叫，甚至跑到人身上，也可能是地震宏观异常。

狗一般见到生人或受到惊吓时才狂叫。如没有特殊情况发生，狗成群地满街疯跑，乱嚎狂吠，乱咬人，甚至连主人也咬，或不停地扒地嗅味，流泪哀叫等，就可能是地震宏观异常。

猪的习性是贪吃贪睡，性情懒惰，如果无缘无故地不吃食，不睡觉，甚至刨地拱圈，越栏而逃，惊恐乱跑等，可能是地震宏观异常。

发现牛、马、骡、驴等牲畜惊慌不安，不进厩，不吃料，惊恐嘶叫，挣断缰绳逃跑等，也要考虑有可能是地震宏观异常。但是要注意的是，这些牲畜在发病时或发情时，也可能会有类似的表现。

2.4.3 如何判断异常发光现象是否与地震有关

伴随地震而出现的发光现象叫做地光。有关地光现象的资料古今中外都有记载。

比如，在日本古代的一首诗歌中就有这样的句子："地球温柔地对大山说到，震动吧并发出光照耀天空。"1968 年，在日本松代发生一系列地震期间，在垣冈地震观察站的野水裕拍摄到第一批"地震光"照片。有些显示天空出现红色条纹，就像低悬的北极光；有些看上去像远处低垂的蓝色曙光。

1975 年 2 月 4 日辽宁海城 7.3 级地前，从丹东到锦县、大连至沈阳的广大地区见到地光，在海城、营口一带十分普遍，震时地光照亮全区，如同白昼一般。震前一天开始在海城、盘锦等地见到大量火球由地面升空，其状如球、锅盖、电焊光、信号弹等多种，还可见篮球大小的火球在地面上滚动，碰到物体就爆炸。

1976 年云南龙陵 7.4 级地震时，有一民兵队长在回家途中突然发现了地光，他立即向全坝子鸣枪报警。结果，地震很快发生了，但全坝子的人都跑出了房舍，因而无一人丧生。

1976 年 7 月 28 日河北唐山 7.8 级地震前一天开始，震中及其外围上百千米范围内出现大量的地光现象，发震当晚更为强烈，约 60% 的人见到了地光。滦南县内，震前 6 小时看到庄稼地上空 8 ~ 9m 高处闪现一片蓝光，持续 2 ~ 3 秒；震前 5 小时乐亭县见到一条红黄相间的光带，像架空电线着了火似的；在昌黎县，震前

2小时见到一条很长的白色闪光，瞬间照亮一大片天空。

地光的颜色可能是多样。有白里发蓝的、红色的、紫色的、白色的，也有的是黄色和绿色的，其中以白里发蓝的为多，有点像电焊火光那种样子。地光在空中持续的时间一般为几秒到数分钟之间。在夜间，即使离地光出现地点较远的地方，也是能够看得清楚的。地光在地表上空的高度一般为几米到几十米不等，其表现形式因地震类型和地点不同，在空中的几何形状也不尽相同，有的以条带状在空中出现，有的以圆弧状出现，也有的以火柱状出现，还有的以一连串火球状出现，形似信号弹升向天空。

一般情况下，小地震不易引起地光现象，只有那些比较大的地震才可引起地光现象。由于一次大地震影响范围很大，因此，当有地光发生时，即使人们离地光发生处较远，也是可以看得到它的。例如唐山地震时，居住北京地区的人就曾看到过唐山地震引起的地光。

关于地光的成因尚无定论，目前主要有电磁发光现象和可燃物质氧化燃烧现象两种说法。在地震孕育发展过程中，可能引起电磁发光现象，如地下电流异常、岩石粉尘摩擦生电、空中电荷异常、地下石英的压电效应造成空气电场异常、放射性物质引起的低空大气电离现象等。

容易与地光异常混淆的现象有霞、虹、闪电、极光、黄道光、流星、电线走火、电焊光等，必须认真区别。

霞是指早晚太阳升起或落下前后地平线上空出现的云彩。它与地光的主要区别是：霞出现的时间与地点较固定，色彩排列有规律。

晚霞的颜色从地平线开始按红→橙→黄→绿→青顺序向上排列，有时缺某1、2种颜色，但其排列顺序不会改变；早霞的颜色与晚霞一样，但排列顺序相反。

虹是雨后天晴时的大气光学现象，一般呈带状，是太阳光按一定角度照射在大气中的水滴上并经折、反射作用而生成的，一次折射后生成的虹带"内紫外红"，二次折射后生成的虹带"内红外紫"。其与地光的区别是：虹出现在雨后晴天，持续时间较长，色彩特征明显。

闪电是雷雨季节大气中出现的瞬间强烈的大气放电现象，其形状多样。闪电与地光的区别是：闪电多出现在雷雨季节有云天气，一般出现在空中，由上向下，运动速度极快；地光出现在地面，由地面向上运动，运动速度较慢。

极光常出现于春分与秋分前后的高纬度（我国的黑龙江、新疆、内蒙、吉林等）地区夜晚天空中，景色瑰丽，鲜艳夺目。这种光是太阳微粒辐射作用干地球高层大气时，高空大气发光产生的。它与地光的差异是：除了在一定地区、一定季节与一定方位上出现之外，高度很高，一般在离地面 80 ~ 1000km 高空中。

黄道光是春分前后黄昏之后沿着山巅向西望或在秋分前后黎明前站在山顶上向东望时，在地平线上可见的锥形暗弱的光辉。这种光除出现的时间与地点较固定外，主要是辉光较弱，持续时间不长。

流星常见于晴朗的夜晚。它是太空中的岩石碎片（一般很小）落入地球大气层后，与大气发生强烈撞击磨擦燃烧引起的现象。它与地光（火球）的差异在于：地震火球（直径一般 20cm 以上）要比流星大得多；地震火球要比流星运动速度慢；地震火球要比流星出现的位置低。

平时还可见到高压输电线走火发光的现象，此为输电线遭雷击，导线上出现的高压引起线路短路或局部熔化烧断引起；或线路绝缘子表面被微尘、废气等导电物质附着包围，遇到潮湿空气导电而发光；还有大风天气两根输电线摆动碰撞发光等等。这种现象只出现在高压输电线上和在特定的天气中，而且其颜色多为蓝色，十分耀眼。

闪光可能是在夜间焊接作业时发出的电焊光，这种光出现的位置明确，辉光照射的范围十分有限，强度一般比地光弱。

生物也有发光现象。某些海洋生物，如海绵、水螅、海生蠕虫螺、海蜘蛛及某些鱼类等，都能在夜间发光。但它们发出的多是冷光，颜色以淡蓝色为主，红色与橙色等很少。作为地震宏观异常出现在海面上的地光，多固定在一定范围内，不会随生物群落的运动而迁移，而且发光强度很大，有时还伴随有火球、光柱等现象，易与生物发光区别。

除了上述发光现象外，有时可见塔尖、树梢、桅头等高尖建筑物或构筑物尖端放电发光，飓风登陆、大风天气扬雪粒或砂粒、大规模雪崩和火山喷发时，也会出现大气发光现象。它们都与地光不同。

再次强调，千万不能盲目地把一切"闪光"现象都归结为地光，否则，就会引起不必要的慌乱，带来不应有的麻烦。

2.4.4　如何判断地表异常现象是否与地震有关

地表异常主要包括地裂缝、地鼓、地陷等地表形变异常现象。1966 年邢台地震后，地表异常作为宏观地震异常引起普遍关注，唐山地震前后，有关地表异常的报告也有很多。

地表异常的形成原因多种多样，不能一概认为是地震造成的异常现象，要具体问题具体分析，找出形成地表异常的确切原因，以帮助我们正确识别上述异常现象。

（1）地裂缝的识别。

"地裂缝"是地面裂缝的简称。是地表岩层、土体在自然因素（地壳活动、水的作用等）或人为因素（抽水、灌溉、开挖等）作用下，产生开裂，并在地面形成一定长度和宽度的裂缝的一种宏观地表破坏现象。有时地裂缝活动同地震活动有关，或为地震前兆现象之一，或为地震在地面的残留变形。后者又称地震裂缝。

与地震活动有关的地裂缝，是因地下断层错动使岩层发生位移或错动，并在地面上形成断裂而产生的，其走向和地下断裂带一致，规模大，其排列具一定的规律，如呈雁行式、直线状、锯齿状、弧形及其他几何形态，或由一系列地裂缝组成地裂带。

但是，很多时候出现的地裂缝与断裂活动和地震没有关系。

1967 年冬，位于京津公路旁的通县农业印刷厂排版车间地面出现一条裂缝，并有逐步扩大趋势，周围围墙也出现裂缝。地裂缝大致呈东西向直线延伸，长 140m，最宽 2cm，砖墙开裂有水平向、近垂直向、倒"八"字型 3 种。作 2 个月的地形定点观测表明，车间及其周围 $140 \times 65m^2$ 范围是一个升降区，和区域水准测量资料对比，裂缝与大区域形变无关。

后经详细研究发现，当地此前最近十几年降水量减少，导致该厂地下水位由距地表 2m 下降到距地表 6m，表层土壤失水收缩，由于上层结构和失水状况不均，导致排版车间地面开裂。

1980 年以来，河北省冀中平原曾出现多起地裂缝显现，长者可达千米，宽窄从几毫米至几厘米，时隐时现。地裂缝多出现在村庄周围、房屋前后、道路和旧河床两测，比较集中于 7—9 月份下大雨过程中。其实，因干旱地下水下降、土体干缩，在降雨之前地裂缝已经形成，大雨冲刷，使地裂缝加宽，并沿走向两端扩展，这时地裂缝充分暴露。

上述地裂缝显现的形成和发展，主要与土质、降雨、荷载等因素有关，与地震孕育无必然联系，是较典型的非震宏观异常现象。

1974—1976 年苏、鲁、豫、皖 4 省屡有地裂缝发生，涉及 152 个县（市）。如邹县泽山闪长片麻岩开裂、颖上县十里铺井筒变形和错断，兖州位于地裂缝的水泥基础错开等。地裂缝构造痕迹表现为锯齿状裂缝、雁形裂缝、正断层裂缝等。往往 3～5 条集中形成地裂缝带，最宽 500m 以上，单条间距 20～200m 不等。裂缝主要表现为张性特点，也有较明显的挤压或扭动现象。这些地裂缝不受气候、地形、土质和地下水等条件制约，形成多种构造痕迹，并沿一定构造线方向有规律分布，地裂缝力学分析显示与其附近断层活动一致。因此，有关学者认为这些地裂缝与现代区域构造运动有关，但是这些构造运动也未必会导致地震的发生。在进行判断的时候必须要谨慎。

（2）地鼓的识别。

地鼓异常指地震前地面上出现鼓包。1973年2月6日，四川炉霍发生7.9级地震前约半年，甘孜县拖坝区一草坪上出现一地鼓，形状如倒扣的铁锅，高20cm左右，四周断续出现裂缝，鼓起几天后消失，反复多次，直至发生地震。

地震前后可出现鼓包，但许多鼓包却与地震毫无关系。

1981年12月3日15时至次日晨8时，位于天津市塘沽区海河南岸附近的"塘12"号石油钻井，井管上冲42cm，环型铁板与套管间的焊口崩开，套管附近1m²水泥地面被冲碎，并将垫砖抛出2m多，成为一起井管突升鼓起宏观异常。经调查，其他油井也有不同程度的上升，经井压测试，排除井压升高、井管受热膨胀等影响。进一步研究发现，由于过量开采地下水，使采油区内形成多个下降漏斗，井管上升幅度与距离漏斗中心的远近有关，石油井表层套管长度与地下水开采层深度相当，所以，多数油井的表层套管随地层一起沉降，井管上升只与地下水开采有关。

1984年1—2月，山东部分县田野出现鼓包和隆起现象，直径1~3m不等，高5~10cm，隆起带长数百米不等。经研究发现，冬季土体局部出现鼓包隆起是冻土造成的。冬季土壤在冻结过程中体积不均匀增大，引起地表隆起现象称为冻胀。除了土中水结冰体积增大外，更主要的原因是水向冻层迁移的结果。

2.4.5 和地震没有关系的宏观异常现象有哪些特点

国家倡导专群结合，希望普通民众发现各种异常现象及时向当地地震部门反映，由专业人员进一步调查核实。但是，千万不要看到一些看起来像地震前兆的现象，就以为一定会发生地震，私下传播，闹得满城风雨。因为一些看起来很类似的现象，有可能是别的原因引起的。

不可忽视的一种事实是，只要注意观察的话，几乎天天都可在全国各地发现各种各样的宏观异常现象，但破坏性地震并不天天发生，在全国多时一般也不过 1 年发生 1、2 次，少时几年发生 1 次，对一个地区而言常常是几十年乃至几百年甚至 1、2 千年发生一次。这样的基本事实，说明引起宏观异常的原因可能是多种多样的，地震活动只是其中原因之一。

大规模的宏观异常往往具有二重性：既有地震前兆的属性，也有构造活动异常的属性。简单地说，宏观异常不等于地震前兆。因此，不仅要加强宏观异常的测报与管理工作，而且还要开展相关的科学研究，以便人们及时识别真假异常，准确掌握震情。有学者总结了非震宏观异常的如下一些基本特点：

（1）异常幅度低。

与地震宏观异常相比，非震异常幅度一般较低，其异常反应难以达到非常强烈的程度。

例如，往年井水位在雨后上升变化 0.8m，今年雨后上升 0.6m

或 1.0m，一般都不是异常，这样的差异都属于正常动态变化的范围。但是如果井水位上升了 2m 或 3m，则需"另眼看待"了，查一查以往有没有此类现象，特别是没有地震的年份出现过没有。若没有，才可考虑可能是宏观异常。

一般情况下，地震宏观异常对大地震反应有着特别明显的异常幅度，中强以上地震，特别是 7 级以上强烈地震有着超乎寻常的反应强度，其异常数量之多，范围之广，程度之烈，绝非一般非震异常所能比拟。

一般的地震活动不足以激起地球物理—化学场的强烈变化。只有在较大地震前，在地壳应力场发生剧烈大调整的情况下，才可能导致地面异常区内种种宏观异常现象频繁发生。当然，有些较高烈度的浅源小地震，也会引发一定数量的宏观异常。那也是由于（孕震）震源浅而在地表能引起强烈反应的结果。

此外，一般数量和程度的宏观异常，不足以引起人们的注意。只有大量的高强度异常，才会引起人们广泛的关注，进而导致异常尽可能多的被发现。

非震性宏观异常与地震异常在成因上有着根本的区别，它是由近地表多种因素共同影响所产生的结果。所以，与地震异常相比，其异常种类和异常形态都表现出较明显的随机性特点。因此，非地震宏观异常的形成缺乏统一的形成机制和剧烈的应力活动背景，它的形成和分布是随机和零散的，很难给人形成强烈的印象。

（2）异常种类单一。

非震性宏观异常表现出单一性的特征，在种类和形态方面都是如此。

首先是表现为异常种类的单一性，这是因为各类宏观异常有其特定的形成机制，局部干扰因素，不可能像地震因素那样引起全面的异常反应。

另一方面，还表现为单一异常形态。以地下水异常为例，特定的时空区域内出现的异常可能以翻花、冒泡为主，也可能以水位升降为主，更多时以单一的水位上升或下降较为常见。这是由于在一定地表因素支配下，单一地质结构很少能导致地下水同时发生多种变化的缘故。

（3）异常不会随着时间的推移呈现有规律性发展趋势。

地表干扰因素是随机干扰，干扰消失，异常不复存在，或者自然界新的平衡建立，原来的"异常现象"发生另外的转化，以新的方式正常存在下去。大震前的宏观异常，随时间的推移而发展，反映了震前应力场孕育发展的内在规律，具有从孕育、加强到爆发的阶段性发展过程。因此，由随机干扰引起的宏观异常，也不可能像地震异常那样有其特有的发生发展规律。

显而易见，宏观异常出现，即使是出现有一定规模的宏观异常，目前还不能断定是必震的征兆。我们要认识宏观异常在地震预测中的重要性，要重视对宏观异常现象的观察、发现、收集与分析工作；同时，对收集到的宏观异常现象进行必要的调查与落实，排除那些其他原因引起的宏观异常，提取可能与未来地震活动有关的异常现象，并对其进行跟踪观察与研究。

在发现可能的地震前兆异常和异常落实工作中，一定要特别注意如下几点：

一是重科学。异常落实工作是一项科学性很强的工作，只有运用科学的思维、科学的态度、科学的方法，才可能获得科学的结论。

二是重事实。异常落实工作的基本要求是重事实，坚持实事求是的原则。要认真仔细地查阅有关资料；要带着"问题"深入现场做实际工作；要多调查多了解，防止"想当然"；必要时要动手，该试的一定要试，该测的一定要测。

三是重证据。无论是异常成因的判定，还是震兆性质的确认，力求要有六个依据，即：资料依据、观测依据、调查依据、实验依据、震例依据、理论依据。

四是重综合分析。异常的落实不仅应关注异常个体的认识，而且要注意异常群体特性的综合分析，注意场源关系，注意时空演化等，从系统性、整体性、相似性等方面进行思考。

地震宏观异常有规律性，空间上受地质构造控制，时间上有同步性，类型上有广泛性，数量上有众多性。一旦发现宏观异常现象，应采取综合分析的方法科学判定。

再次强调，宏观异常出现，即使是出现有一定规模的宏观异常，目前还不能断定是地震的征兆。一定要正视宏观异常在地震预测中作用的局限性，决不能无条件地把宏观异常与地震挂钩，更不能单凭1、2项宏观异常对震情做出判断，甚至做出预测。提取一批可能具有震兆意义的宏观异常之后，一方面要注意宏观异常的种类与规模、空间展布及其时空迁移的特征；另一方面还要与当地当时的小震活动性及微观异常一起进行配套分析，科学地分析与利用宏观异常信息。

3 发挥群测群防在地震灾情速报方面的作用

3.1 了解地震灾害

3.1.1 破坏性地震会给人类社会带来哪些灾害

1976 年 7 月 28 日，唐山市发生 7.8 级地震。地震的震中位于唐山市区。顷刻之间，这个百万人口的城市化为一片瓦砾。地震破坏范围超过 3 万 km^2，有感范围广达 14 个省、直辖市、自治区，相当于全国面积的 1/3。

地震发生在深夜，市区 80% 的人来不及反应，被埋在瓦砾之下。极震区包括京山铁路南北两侧的 $47km^2$。区内所有的建筑物几乎荡然无存。一条长 8km、宽 30m 的地裂缝带，横切围墙、房屋和道路、水渠。震区及其周围地区出现大量的裂缝带、喷水冒沙、井喷、重力崩塌、滚石、边坡崩塌、地滑、地基沉陷、岩溶洞陷落以及采空区坍塌等。

这次地震共造成 24.2 万人死亡，16.4 万人受重伤；毁坏公产房屋 1479 万 km²，倒塌民房 530 万间；直接经济损失高达到 54 亿元。全市供水、供电、通讯、交通等生命线工程全部破坏，所有工矿企业全部停产，所有医院和医疗设施全部破坏。地震时行驶的 7 列客货车和油罐车脱轨。蓟运河、滦河上的两座大型公路桥梁塌落，切断了唐山与天津和关外的公路交通。市区供水管网和水厂建筑物、构造物、水源井破坏严重。开滦煤矿的地面建筑物和构筑物倒塌或严重破坏，井下生产中断，近万名工人被困在井下。三座大型水库和两座中型水库的大坝滑塌开裂，防浪墙倒塌。410 座小型水库中的 240 座震坏。砸死大牲畜 3.6 万头，猪 44.2 万头。震后唐山市及附近重灾县环境卫生急剧恶化，肠道传染病患病尤为突出……

地震发生十分突然，持续时间只有几秒至几十秒钟，但在这如此短暂的时间内，就会造成大量建（构）筑物倒塌和人员伤亡，这是其它自然灾害难以相比的。

地震灾害是指由地震引起的强烈地面振动及伴生的地面裂缝和变形，使各类建（构）筑物倒塌和损坏，设备和设施损坏，交通、通讯中断和其他生命线工程设施等被破坏，以及由此引起的火灾、爆炸、瘟疫、有毒物质泄漏、放射性污染、场地破坏等造成人畜伤亡和财产损失的灾害。

从地震对社会和自然界造成灾害的相关程度和衍生性进行划分，地震灾害可分为直接灾害和次生灾害。此外，不可忽视的是，人们因对地震过度恐慌也会带来损失。

（1）直接灾害。

由地震的直接作用，如地震波引起的强烈振动、地震断层的错动和地面变形等所造成的灾害，称为地震直接灾害。它主要包括建构筑物破坏、生命线工程破坏和地面破坏等现象。强烈地震时，房屋等建筑物因强烈振动或地面变形会受到破坏，这是地震最普遍、最常见的现象。

地震的直接灾害

对社会生活和生产有重大影响的交通、通讯、供水、排水、供电、供气、输油等工程系统称为生命线工程，它就像人体的血管和神经一样，非常重要。强烈地震可能使桥梁断裂、路面开裂下陷、铁路扭曲、电缆拉断、管道破裂，也可能使发电厂、变电站、水库、大坝、配气站、油库、自来水厂、电信局、电视台、电台等要害部门遭到破坏，从而使现代化的城市瘫痪。

地震常常会造成滚石、山崩、滑坡、地裂缝、地面鼓包、地基沉陷、沙土液化、喷沙冒水等地面破坏现象。地震时出现的地裂缝小的几十米、几厘米宽，甚至更小；大的可长达几百米，宽度从几厘米到几十厘米。这些地裂缝往往成组出现，按一定方向有规律排列，有时还伴随地面鼓包现象。地裂缝穿过的地方，可使屋倒墙裂，桥梁错断，公路铁路遭到破坏。

（2）次生灾害。

由地震引发的火灾、水灾、海啸、有毒物质泄漏和疫病流行等灾害，称为地震的次生灾害。地震时，由于电线短路、煤气泄漏、油管破裂、炉灶倒塌等原因，往往会造成火灾。地震山崩堵塞河道，形成堰塞湖，会使上游一些地区被水淹没。一旦堰塞湖溃决，下游便会遭到严重水灾。另外，地震时如果水库大坝遭到破坏，也会造成水灾。

地震所诱发的次生灾害，有时甚至会超过直接灾害所造成的损失。

比如，1923年9月1日的日本东京大地震发生后，建筑物纷纷坍塌，同时引起了熊熊大火。东京这一古老的城市木屋居多，街道狭窄，消防滞后，结果使东京遭受了毁灭性的破坏。大火整整烧了3天3夜，直至烧光了所有的可燃物，全城80%的死难者被吞没于震后的大火中，全城36.6万户房屋被烧毁。火灾尚未停息，海啸引起的巨浪又接踵而来，摧毁了沿岸所有的船舶、港口设施和近岸房屋。这次大地震摧毁了东京、横滨两大城市和许多村镇，14万多人死亡、失踪，10多万人受伤，财产损失高达28亿美元。

特别是对于人口稠密、经济发达的大城市，现代化程度越高，各种各样的现代化设施错综复杂，次生灾害也越严重。所以，大城市应该特别重视对次生灾害的防御。

（3）地震恐慌也会带来损失。

重大地震灾难在给人们生命造成巨大伤害的同时，也给灾区人们的心理、精神造成严重损伤，引起社会心理的巨大震荡。

破坏性地震的突发性和巨大的摧毁力，造成人们对地震的恐惧。有一些地震本身没有造成直接破坏，但由于人们明显感觉到了，再加上各种"地震消息"广为流传，造成社会动荡而带来损失。这种情况如果发生在经济发达的大、中城市，损失会相当严重，甚至不亚于一次真正的破坏性地震。

如唐山地震后，地震谣言、谣传此起彼伏，我国东部地区大范围内群众产生普遍的恐震心理，在长达半年多的时间里，很多人不敢进屋居住，最多时约有4亿人住进防震棚，打乱了正常生产、工作和生活的秩序，给国家经济生活造成重大影响。

由于缺乏知识，轻信谣言，人们会因恐慌而停工、停产、停课；会到银行大量提款；会因成群外逃"避震"造成交通堵塞；甚至会引起交通事故、跳楼避险或互相挤踏造成伤亡。像北京、上海这样的现代化大都市，如果发生地震恐慌，仅停工一天，就会造成数亿元的经济损失。这类因地震恐慌而造成的社会"灾害"，越来越引起人们的广泛关注。

3.1.2　地震灾害与其他的自然灾害有不同的特点

自然灾害是指由于自然异常变化造成的人员伤亡、财产损失、社会失稳、资源破坏等现象或一系列事件。自然灾害对人类社会所造成的危害往往是触目惊心的。它们之中既有地震、火山爆发、泥石流、海啸、台风、洪水等突发性灾害；也有地面沉降、土地沙漠化、干旱、海岸线变化等在较长时间中才能逐渐显现的渐变性灾害。从科学的意义上认识这些灾害的发生、发展以及尽可能减小它们所造成的危害，已是国际社会的一个共同目标。与其他自然灾害相比，地震灾害具有以下特点：

（1）突发性强。

地震灾害是瞬时突发性的自然灾害，地震发生时十分突然，一次地震持续的时间往往只有几十秒，在如此短暂的时间内造成大量的房屋倒塌、人员伤亡，这是其他的自然灾害难以相比的。地震可以在几秒或者几十秒内摧毁一座文明的城市，事前有时没有明显的预兆，以至来不及逃避，造成大规模的灾难。

（2）人员伤亡大。

强震释放的能量是十分巨大的。一个 5.5 级中强震释放的地震波能量，就大约相当于 2 万吨 TNT 炸药所能释放的能量。或者说，相当于二次大战末美国在日本广岛投掷的一颗原子弹所释放的能量。而按地震波能量与震级的统计关系，震级每增大 1 级，所释放的地震波能量将增大约 31.6 倍。一次七八级强震的破坏力之大，可想而知。

地震波到达地面以后造成了大面积的房屋和工程设施的破坏，若发生在人口稠密、经济发达地区，往往更是造成大量的人员伤亡和巨大的经济损失。相对于其他自然灾害，死亡人数之多，是地震灾害更为突出的特点。

（3）次生灾害多。

许多自然灾害，特别是等级高、强度大的自然灾害发生以后，常常诱发出一连串的其他灾害接连发生，这种现象叫灾害链。灾害链中最早发生的起作用的灾害称为原生灾害；而由原生灾害所诱导出来的灾害则称为次生灾害。

地震不仅产生严重的直接灾害，而且不可避免的要产生次生灾害。如滑坡、泥石流、火灾、水灾、瘟疫、饥荒等。由于生产设施和交通设施受破坏造成的经济活动下降，甚至停工停产等间接经济损失，以及因为恐震心理、流言蜚语及谣传引起社会秩序混乱和治安恶化造成的危害等，也可列为地震次生灾害。有的次生灾害的严重程度大大超过直接灾害造成的损害。一般情况下次生或间接灾害损失是直接灾害损失的两倍，像大的滑坡都属于次生灾害，还有火灾、危险化学品泄漏等。

（4）防御和处置难度大。

与洪水、干旱、台风等自然灾害相比，地震的预测要困难得多。同时，建筑物抗震性能的提高，需要大量资金的投入，这也不是短时期能够做到的。要减轻地震灾害，需要各方面的协调和配合，需要全社会长期艰苦细致的工作。因此，对地震灾害的防御，比起其他一些灾害来说，可能更困难一些。

从汶川地震、玉树地震和芦山地震现场救援情况看，一旦发生破坏性地震，大量人员被埋压，救援点多，对救援力量的需求很大。此外，由于地震灾害发生的突发性，给救灾队伍投送、集结带来了很多的不确定性，加之很多情况下需要实施跨区域增援，快速协调民航、铁路实施力量投送是一个关键、复杂的问题。地震发生后，各方救援力量涌向灾区，尤其是乡镇道路狭窄，极易发生拥堵，往往很短的路需要走很长的时间。芦山地震尤为明显，在车辆无法通行的情况下，救灾队伍只能进行徒步开进，目前重型地震救援队的装备约为2吨，轻型地震救援队的装备约为1吨，有限的人员携带如此多的装备长距离徒步开进，艰辛难以想象。

地震发生后，公网通信中断，我们只能依靠卫星电话，但在一些山区地带往往没有信号，造成与前方指挥部和总队指挥中心的通信不畅。地震发生后，灾区原有的粮食、饮水等保障体系往往会受到很大程度的冲击，初期救灾队伍后勤保障工作只能依靠自己，这给救灾队伍长时间、大强度开展救援行动带来了很大的困难。

（5）持续时间比较长。

这有两个方面的意思，一个是主震之后的余震往往持续很长一段时间，也就是地震发生以后，在一段事件内还会发生一些比较大的余震，虽然没有主震大，但是这些余震也会有不同程度的发生；此外，由于破坏性大，灾区的恢复和重建的周期比较长。因此，对地震灾区人民的生活影响时间较长。

3.1.3 影响地震破坏程度的主要因素

地震发生后，人们首先关心的问题是：这是多大的地震？如果回到几百年前，我们肯定得不到像"×级地震"的类似答案，而是一系列关于地震破坏的宏观描述，犹如明史中记载的陕西华县地震："……地裂泉涌，中有鱼物，或城郭房陷入地中……官吏、军民压死八十三万有奇"。也就是说，最初的时候，人们只能根据地震的破坏程度来估计地震的强度。地震所可能造成的破坏程度，主要与以下几个因素相关：

（1）地震震级、震源深浅及震中距。

震级是指地震的大小，是以地震仪测定的每次地震活动释放的能量多少来确定的。震级每差一级，通过地震波释放的能量约差 32 倍。地震的震级越高，释放出的能量越大，可能造成的灾害越重。

地震波发源的地方，叫做震源。震源在地面上的垂直投影，地面上离震源最近的一点称为震中。它是接受振动最早的部位。震中到震源的深度叫做震源深度。通常将震源深度小于 30km 的叫浅源地震。震源的深浅也是地震造成破坏轻重的重要的影响因素，几乎所有的破坏性地震均属于浅源地震。对于震级相同的地震来说，震源越浅，震中烈度越高，破坏也就越重。一些震源深度特别浅的地震，即使震级不太大，也可能造成出乎意料的破坏。

除可能出现的烈度异常区外，地震区的烈度一般随震中距的增大而降低，烈度由高到低大致呈同心圆形，建筑的震害也有明显的由重到轻的分布规律。

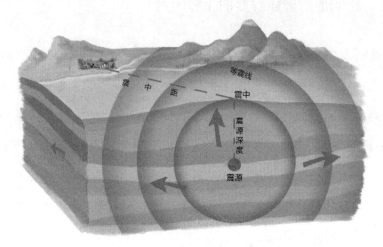

烈度一般随震中距的增大而降低

（2）场地条件。

地震发生后，地震波由震源向地表传播，地震区的地形、地貌、岩土特性、地下水位情况及有无断裂带等因素都会直接影响地震波的传播。这种影响是综合而复杂的，一般来说，土质较软并且覆盖层厚、地下水位高、高耸突出、地形起伏较大及有断裂带通过的场地，地震灾害会明显加重。

构造地震的发生主要是由于活动断层的错动引起的，在强烈地震中，还会在发震的活动断层附近产生新的断层，活动断层错动处是能量释放的"爆点"，假如建筑建造在断层处及其附近，一旦发生破坏性地震，其破坏是不可避免的。

所以，在进行工程建设时，应当尽量避开那些不利地段，选择有利地段。

（3）人口密度和经济发展水平。

人口密度的大小和经济发展水平的高低对震害的成灾程度有很大影响。通常情况下，经济发展水平高的地区一旦发生强烈地震，会造成严重的经济损失，但这种地区的建筑多数在设计建造时考虑了抗震设防要求，抵御地震的能力相对较强。所以，近年来发生在一些发达国家的破坏性地震往往经济损失的程度要远远大于人员伤亡。在人口密度高但经济欠发达地区，由于建筑标准低，抗震能力弱，一旦发生破坏性地震，人员伤亡通常较多，但经济损失相对较小。纵观近几十年来发生的较为惨重的破坏性地震，大部分集中在发展中国家，而当地震发生在这些国家人口集中的城市地区时，人员伤亡和经济损失都很巨大。

（4）建筑工程质量及抗震防御措施。

建筑震害是造成人员伤亡和经济损失的主要原因，在破坏性地震中，处于同一烈度区内的同类建筑，是否进行了抗震设防以及设防标准的高低，与其破坏程度有很大关系。达到抗震设防标准、质量有保证的建筑，在地震中并不是完全不发生破坏，但破坏程度明显低于未设防建筑，倒塌伤人的情况很少。地震的发生时间短暂，直接造成的地表和建筑的破坏和因此带来的损失只是直接损失，最终的破坏程度与地震的防御措施是否得当到位、震前有无应急预案、震后应急救灾工作能否迅速有效地展开也有着密切的关系。这在历史上数次大的破坏性地震中都有过相应的经验及教训，值得我们总结和吸取。

（5）地震的发震时间。

从历史地震记录看，发生在夜间或凌晨的地震往往会造成较严重的人员伤亡，这是很容易理解的。这个时段人们大多在室内休息，防范能力处于最低状态，对于突如其来的地震无法及时做出正确的反应，加上夜间照明差，如果电力系统因地震破坏而瘫痪，会进一步加剧人群的恐慌，不但难以排险救人，还会造成混乱引起更大的伤亡。唐山大地震就是发生在凌晨，很多人在睡梦中就被掩埋在了废墟之下。如果这次地震发生在白天，伤亡人数肯定要少得多。

有不少人以为，大地震往往发生在夜间，其实这是一种错觉。统计资料表明，破坏性地震发生在白天和晚上的可能性是差不多的，二者并没有显著的差别。

3.1.4 地震的有感程度与有感范围与哪些因素有关

较早的专家倾向于认为，3级以上地震人们才会有感。然而，在过去的几十年里，人们碰到很多2级左右地震就有人感觉到的例子。这也许是因为我国各级政府成立地震工作机构，研究和关心地震的人越来越多，能够发现的有感现象也越来越多的缘故。一些水库蓄水后，有一些1级多的地震，人也会感觉到震动。

人对地震的感觉往往有3种途径：一是通过坐着的凳椅、站立的地面或躺着的床铺直接感觉到振动；二是看见周围的物体，尤其是吊挂的电灯与某些容易晃动的物体在晃动；三是听到周围某些物体振动的声音。

每一个人对振动感觉的灵敏程度是不一样的。对振动感觉灵敏程度一样的人，地震时，在楼上、在地面或在井下，感觉也是不一样的。在楼上的感觉强，在地面的次之，在井下的弱。关于地震有感强弱程度，通常可分为：无感，有感，明显有感，强烈有感，惊恐，站立不稳，摔倒等。描述一次地震有感强度，还必须注意有这种感觉的人的多寡：个别，少数，多数，大多数，普遍等。对于所感觉到振动的性质也有上下颠簸、水平摇摆等不同。水平摇摆还可分出具体的方向。

有感范围与地震大小有关。地震越大，有感范围越大。通常，7级地震有感范围达500km，6级地震有感范围达200km，5级地震达80km，4级地震达30km，3级左右地震只有在震中区才感觉得到。例如，1973年2月6日炉霍7.6级地震时，在距震中约370km的成都，周围少数人有感。据报道，1976年7月28日唐山7.8级地震，不仅震撼冀东，殃及京、津，而且有感范围波及辽、晋、豫、鲁、内蒙古等14个省、直辖市、自治区。2008年5月12日汶川8.0级地震，有感范围更大，宁夏、甘肃、青海、陕西、山西、山东、河南、湖北、湖南、重庆、贵州、云南、广西、西藏、江苏、辽宁、上海等地都有感。

有感程度与有感范围还与震源深度有关。震源越浅，地面上越容易感觉到轻微的振动。比如，有些1级多的水库诱发地震会有感，可能就与震源浅有关。可是，对于较强的地震来说，震源深，震中的破坏不重，有感范围却很大。例如，1999年4月8日吉林珲春—汪清一带发生7.0级深震，震源深度达540km，东起中朝边境的图们、丹东，西迄内蒙古自治区开鲁、库伦，北至黑龙江省的大庆、佳木斯，南达河北省的承德、秦皇岛，都有不同程度的震感，有感面积约45万km^2。

此外，人的感觉与其他许多因素有关。如楼房内的人比平房内的人感觉明显，住在高层楼房的人比普遍房内的人感觉明显，处在一般场地的人比处在基岩或硬场地上的人感觉要明显等。

3.1.5　地震烈度与对应的各项宏观标志

历史上，人们在多次经受了地震灾害之后，试图采用一种简便的方法来表示地震或震害的强弱程度，这就是地震烈度的起源。

地震烈度表示地震对地表及工程建筑物影响的强弱程度，或理解为地震影响和破坏的程度。是在没有仪器记录的情况下，凭地震时人们的感觉或地震发生后器物反应的程度，工程建筑物的损坏或破坏程度，地表的变化状况而定的一种宏观尺度。

最早具有地震烈度概念的记录，可以追溯到 1564 年欧洲的学者加斯塔尔迪。他在讨论一次地震的影响时，用不同颜色，表示地震影响的强弱。

到 19 世纪，出现了许多地震烈度表，大多是表示地震震害和地震动的强弱，只有个别的烈度是用最大震害来表示一次地震本身大小的，即用震中烈度来表示地震大小。当时没有地震仪，只能采用当时最普遍的宏观现象作为地震的指标。自从地震仪诞生之后，有了地震波记录，就为定量地描述地震大小提供了依据。

1935 年，美国地震学家里克特建立了震级的概念，人们就根据仪器记录的地震波，用震级来描述地震本身的大小，而用烈度来描述某地点的地震动和震害的强弱程度。地震烈度主要依据地震的宏观现象来确定。宏观现象可以概括为四类：即人的感觉，人工结构物的损坏，物体反应和自然现象。

人的感觉从强烈程度分，可以有：无感、可感、明显有感、强烈、惊恐、站立不稳、倒地等。一般来说，地震大、距离近时，人的感觉强烈；反之，则感觉微弱。这也与人的个体敏感性有关。

人工结构物的破坏，指房屋、构筑物、桥、路堤等的破坏。

物体反应是指室内器皿、饰物在地震时的移动、坠落及翻倒，以及容器中流体的震荡和溢出等现象。

自然现象的变化是指强烈地震时，在某些地区会发生山崩、滑坡、地裂、喷沙冒水、地面变形等。

由于宏观现象是定性的，描述较为模糊，因此，随着地震科学和地震工程学的发展，人们试图用一些物理参数作为烈度的定量指标，如：用地面加速度、速度和地面位移等。但由于种种原因，纯粹用这些物理量作为烈度指标还存在一些问题，因此，目前只能当作是烈度的一种参考指标，以作为对宏观现象描述的补充。

需要强调指出的是，地震震级和地震烈度是彼此相关的两个不同的概念。在工程上，人们一般用地震烈度作为建筑物或构筑物抗御地震破坏能力的指标，而不用地震震级的概念。某些人常说的"抗8级地震"，实际上就是说，建筑物或构筑物能抗御地震烈度为Ⅷ度的地震，而这个地震的震级可能是8级，也可能是6级；这个地震的震中也许离建筑物很远，也许很近。但不管怎么说，地震在建筑物或构筑物所在地造成的地震影响和破坏是Ⅷ度。而说"抗8级地震"就很不科学了。

中国地震烈度表及相关参数

烈度	破坏程度	判据	最大加速度 m/s²	震级 M
I	微震	人无感，只有仪器可记录得到		
II	轻震	室内个别静止中的人有感		3
III	小震	室内少数静止中人有感觉；门、窗轻微作响		4
IV	弱震	室内多数人、室外少数人有感觉，少数人梦中惊醒；门、窗作响；悬挂物明显摆动		4
V	震感明显	室内普遍、室外多数人有感觉，多数人梦中惊醒；门、窗、屋顶、屋架颤动作响，灰土掉落，抹灰出现微细裂缝	0.31 （0.22~0.44）	5
VI	损坏	多数人站立不稳，物架上东西掉落，墙体出现裂缝，老旧房屋损坏	0.63 （0.45~0.89）	5
VII	轻度破坏	屋内人外逃，房屋灰土普遍掉下，壁面龟裂，局部破坏、开裂	1.25 （0.90~1.77）	6
VIII	中等破坏	多数人摇晃颠簸，行走困难；房屋结构破坏，需要修复	2.50 （1.78~3.53）	6
IX	严重破坏	行动的人摔倒；地裂，滑坡坍方，建筑结构严重破坏，局部倒塌，修复困难	5.0 （3.54~7.07）	7
X	毁坏	骑自行车的人会摔倒；处不稳状态的人会摔离原地，有抛起感；地裂错开，山崩，房屋大多数倒塌	10.0 （7.08~14.14）	
XI	毁灭	建筑物普遍倒塌，铁轨扭曲，地下管道破坏，大量山崩滑坡		
XII	大灾难	全面破坏，地面剧烈变化，山河改观		

注：表中数量词：个别为10%以下；"少数"为10%~15%；"多数"为50~70%；"大多数"为70%~90%；普遍为90%以上。

通常，人们会以表列的形式给出不同烈度值相应的各项宏观标志，这种表称为地震烈度表。它是评定地震烈度的标准。世界各国都有自己的烈度表，用我国现在正在使用的《中国地震烈度表》评定地震烈度时，Ⅰ～Ⅴ度以人的感觉为主；Ⅵ～Ⅹ度以房屋震害为主；人的感觉仅供参考；Ⅺ、Ⅻ度以地表现象为主。Ⅺ、Ⅻ度的评定，需要专门研究。

表中所说的人都是地面上的人，如果在高楼上，通常会感觉更明显，评定时，要适当扣除这些影响。《中国地震烈度表》还给出了反映房屋震害程度的平均震害指数，与反映地面运动强度的水平峰值加速度和水平峰值速度。虽然科学家总希望将烈度评定走向定量化，但至今实际的烈度评定还是以宏观现象的综合评定为主。

《中国地震烈度表》是调查震害现象、评价地震灾害影响的有效工具，也是地震灾情速报员观察、调查与判断地震灾害程度的依据。

地震发生时，群测群防人员应认真体会地震动感的形式和程度，注意所处环境物体的变化，继而对附近的房屋、景物进行观察，然后对照《中国地震烈度表》中的三类基本标志性现象，粗略估计判断地震的影响或灾害程度。

首先要特别注意人的感觉，以动感"量"的差别去断定地震的大小。如少数人有感，地震多在Ⅳ度以下；如多数人有感，地震可达Ⅴ度；通常Ⅲ～Ⅴ度地震，称为有感地震；如站立不稳、行走困难，则可能达到Ⅵ～Ⅷ度了；通常把Ⅴ度以上地震，称为强有感地震；当然强有感地震就可能有破坏了。

在分析人的感觉之后，结合对附近的房屋、景物的观察，就可对震情、灾情轻重程度进行判断。如果"人的感觉"现象一般，仅仅使人"有感"，无房屋的损坏现象，这说明地震的影响程度较轻，相当于烈度 VI 度以下。如果还出现了轻微的"房屋震害现象"、"其他震害现象"，则表明地震较大，肯定是"强有感"，甚至可能是轻微破坏。房屋和其他震害在程度上差别很大。如果不仅出现而且从"量"上看程度不轻，那么就形成相当程度的灾害了。

防震减灾志愿者根据自己感受和观察身边的上述三类基本现象，可迅速做出首次速报。但是，初次速报的情况常常是粗浅的。进一步说，在负责的地域内，是否有人受到伤害？究竟是"强有感地震"、还是哪种程度"破坏性地震"的情况？手头掌握的情况是个别的还是普遍的？是否还存在更严重的情况？公私财物、房屋建筑和有关生命线设施发生怎样的损坏？这些问题，常常在进行首次速报时，还没有答案。所以，参加速报的防震减灾志愿者必须尽快调查了解自己负责的区域内的三类基本现象信息，以便进一步报告。具体行动建议如下：

第一，根据自身感觉和其他人的感觉、连同所在建筑物的动态，如果初步估计出"不仅仅是强有感地震，可能有损坏"之后，又识别到出现了诸如墙裂缝、檐瓦掉、烟囱裂或掉等损坏或局部破坏的震害现象，便可粗略估计：这种情况已经是损坏或轻度破坏了。那么，下一步调查收集情况的重点是：室内和室外人的感觉；是否有人伤亡，其程度和数量如何；人群的震后行为和社会动态。

第二，根据自身感觉和他人感觉，连同建筑物的情况，如果初步估计"绝对不是强有感地震，也不仅仅像是有些损坏的地震，看来还要严重"，接着再查看四周环境，如房屋建筑物破坏较重，这时便可粗略估计：这些现象表明已经达到Ⅷ度或大于Ⅷ度。这样，下一步调查收集情况的重点就可以放在：建筑物破坏的程度；人员伤亡数量；人群的震后行为和社会动态；地震造成的其他危急的震害现象。

3.2 地震灾情的观察与速报

3.2.1 地震灾情速报对政府决策具有重要作用

我国目前大致有三种途径获得地震影响和灾害情况：一是人在感觉和观察到情况后迅速将信息上报；二是靠仪器观测记录得到；三是应用遥测遥感技术从空中观测。

靠人的感官直接察觉情况，再将消息通过各种传递渠道和手段迅速传送上报，人们在最短的时间内得知何时何地发生了地震以及不同地区的震感、破坏、人员伤亡、群众情绪等情况，有关部门可迅速汇集情况，得知灾害的程度和范围。

仪器观测有两种方法：一是将遥测台网地震仪观测数据经过分析处理后得到较为准确的发震时间、地点和震级大小以及震源深度，然后根据经验估计地震灾害大小；二是烈度遥测台网的烈度仪可测得不同地点的烈度值，将不同地点的烈度值分析处理后，可得到等烈度图，然后根据经验估计不同烈度区的灾害。仪器观测的不足之处是所得到的结果是估计的、宏观的，难以反映具体地点的真实震害情况和地震对人和社会的各种影响。

应用遥测遥感技术从空中观测，所得到的结果也是估计的、宏观的，而且是在震后一段时间才能得到，不能靠它实时得知灾情。它的长处在于可以得知大范围的震灾总体情况及其随时间的变化情况。

自 20 世纪 90 年代以后，各级人民政府都加强了地震应急基础建设。在各级地震工作部门的共同努力下，全国"地震灾情信息速报网络"基本建立了起来。

群测群防人员在地震灾情信息速报网络中处于最基层，如同人体神经系统中的神经末梢一样，是地震灾情速报网络的基础。一旦发生地震，出现灾情，群测群防人员凭着人熟地熟，不仅可以亲自感受情况，而且可以更深入地调查了解当地情况并向上报告，在速报和应急抢险救灾中发挥一般人难以替代的重要作用。

（1）灾情速报是政府制定和实施紧急救援措施的依据。

发生地震后，有无人员伤害？有无建筑物损失破坏？需要采取哪些抢险救援措施？是否需要和如何进行生命抢救、工程抢险、扑灭火灾？是否需要并如何安置灾民？各项应急和救援需要多少人员、装备、物资、器材？应急的整体工作规模需要多大？对所有这些问题，各级政府亟待得到决策依据，哪怕只是初步掌握震后的情况或者得知若干典型情况，也十分有利于政府迅速采取针对性紧急应对决策和处置措施，以尽快地抢救生命，消除险情，减轻震灾损失。

（2）灾情速报的及时准确，关系到应急救援的效率和效果。

众所周知，发现灾情越早，越有利于救助生命，特别是从死亡线上挽救那些垂危的生命。获知情况越早，越有利于争取时间采取有效的应急措施，诸如调集急救用血和抢救装备与工具。以往有的地震发生后，由于缺乏及时准确的情况掌握，如震灾区到底需要多少人力支援，需要哪些专业力量参与救助等，使得对部署救灾工作增加了盲目性，大大降低了救灾效率。再如，对于急需抢救被埋压人员的各种工具、机械难以及时调集到受灾现场，许多救援人员不得不靠双手去挖掘被埋压者，由于效率低下，眼睁睁地看着一些人失去了生命。假如群测群防人员能充分发挥作用，在破坏性地震发生后，及时将震情和灾情上报给有关部门，就能避免这种被动局面。

广义地说，震情是指地震活动和地震影响的情况，它包括：地震发生的时间、地点、震级、震感情况、有感范围、人们的反应等。灾情，是指地震造成的人员伤亡、财产损失、环境和社会功能的破坏的情况。

对于群测群防人员来说，需要报告的震情是：地震发生的时间、震感情况、有感范围、人们的反应等。需要报告的灾情内容主要是：人员的伤、亡及地点等情况；建筑物、重要设施设备的损坏或破坏情况，牲畜死伤情况，对当地生产的影响程度及群众的家庭财产损失等。社会影响包括：群众情绪，社会生活秩序、工作秩序、生产秩序受破坏及影响情况等。

（3）地震灾情速报是政府采取措施维护社会稳定的依据。

1996 年 11 月 9 日南黄海 6.1 级地震，震中离陆地 150km 左右，上海、江苏、浙江等地普遍有感。其中上海震感强烈，人们纷纷逃到户外，一时间，街道和空旷处人山人海，上海中心广场聚集了几十万人。向上海市地震局询问情况的电话和人群蜂拥而至，竟使其所在的普陀区发生通讯和交通阻塞，市委、市政府和地震局在一段时间内都难以取得联系。

但随着各个基层地方的情况汇集到地震局，并报告到上海市委、市政府，市领导很快掌握了上海全市的情况，是普遍"有感无损"。于是，上海市委和市政府及时采取有力的针对性应急措施，及时公告地震影响情况，公布了不会发生更大地震的预报意见，明确劝导群众回家休息，以便第二天正常的生活、工作和学习。富有成效的工作，迅速地消除了广大居民的疑虑和不安，很快恢复和稳定了社会秩序。

这一震例充分显示了地震灾情速报的重要性，即使在没有造成严重灾害，不需要抢险救灾的情况下，仍然能够帮助政府决策，采取措施维护社会稳定。

3.2.2 地震灾情速报的主要职责及基本要求

地震灾情速报是政府制定和实施紧急救援措施的依据，灾情速报的及时准确，关系到应急救援的效率和效果。因此，近年来，我国各地地震主管部门都高度重视地震灾情速报工作，把灾情速报网络建设纳入工作日程，积极争取各级政府的财政支持，建立健全工作制度，明确责任机构和责任人，在每个行政村、社区设立 1 ~ 2

名灾情速报人员，建立了能够基本覆盖本行政区所有乡（镇）、街道，以地震灾害调查和震情速报为主要职责的网络。

虽然都是从事群测群防工作，地震灾情速报网与宏观测报网的人员组成、工作特点有很大的不同，它对应的是"三大体系"中的"地震应急"内容。地震灾情速报网的职责是：在本行政区域内，一旦发生有感地震或破坏性地震，地震灾情速报员应将地震灾情的初步观察结果用最快的速度向市（区）、县地震局和所在乡（镇）、街道人民政府报告，同时填写上报《地震灾情速报登记表》，以便及时组织地震应急工作的开展。地震灾情速报员应重视地震灾情的后续速报工作，以保证灾情信息资料的准确性。负责及时调查、上报群众的反映、要求，协助地震部门开展地震灾情评估。

具体说，就是地震发生后，及时观察所处环境及附近房屋、景物的变化，根据观察结果，结合人的感觉，对照《中国地震烈度表》中的三类基本标志性现象（人对地震的感觉、地面及地面上建筑物遭受地震影响和自然破坏的各种现象），初步估计地震灾害程度，并将地震灾情的初步观察结果及时向市（区）、县地震部门报告。之后，要详细调查了解自己负责区域内震后情况，重点调查：①人员伤亡及分布等情况；②建（构）筑物、重要设施设备损毁情况，家庭财产损失、牲畜死亡情况；③社会影响，包括群众情绪、生活秩序、工作秩序、生产秩序、教学秩序，受影响情况；④地震造成的其他灾害现象等。

这些职责当中，最重要的就是人员的情况。一旦有了人员的伤亡，灾害性质就大不一样了，上级的重视程度也就随之改变。

灾情速报员可招募乡（镇、街道）科技助理员、民政助理员、防震减灾助理员以及地震应急救援志愿者、地震宏观测报员和地震知识宣传员等人员。这个网建设好了，对宏观测报网的日常工作、科普宣传等其他有关工作都有促进作用。

对地震灾情速报网工作人员的根本性要求就是"快、准、实"。"快"就是快捷迅速，及时；"准"就是准确、做到数字真实具体；"实"就是实实在在，实事求是，不隐瞒、不虚报、不漏报，不走样的。这项工作时间性强、责任重大，完全是真刀真枪、实打实的工作。所以，需要具体工作人员要有较高的思想品格、文化知识和敬业精神。

灾情速报网络建设要做到平震结合，平时做好地震灾情速报工作的培训与辅导，提高速报人员的业务技能。震时要高效准确地上报灾情，为政府决策和紧急救援提供依据。

3.2.3 如何确保地震灾情速报工作科学有序地进行

在进行速报时，经常会提到"震情"和"灾情"这两个概念。地震活动和地震影响情况简称震情，它包括地震三要素（发震时刻、震中和震级）、震感情况、有感范围、人们的反应等等。灾情是地震造成的人员伤亡、财产损失、环境和社会功能的破坏情况。根据有关规定，各级地震部门应当引导社会组织和个人积极参与地震灾情速报工作。

如何确保地震灾情速报工作的科学有序进行呢？

（1）统一指挥，分工负责。

地震灾情的处理、速报实行统一指挥、分工负责、领导把关、责任到岗、迅速准确和按程序速报的工作原则。

中国地震局监测预报司归口管理地震灾情速报工作。负责地震灾情速报规范的制度和地震灾情速报技术系统更新与应用等工作；负责指挥、协调、检查和监督地震灾情的快速收集、汇总以及地震现场灾情调查、评估工作，将有关信息及时向局领导报告，并通报局值班室，以备党中央、国务院和有关部门查询。

中国地震局办公室（值班室）负责与震区地方政府沟通情况，协助震后早期地震灾情信息的收集工作，有关信息及时汇总到监测预报司，并根据局领导指示向党中央、国务院和有关部门适时报告、通报地震灾情。

中国地震局地震预测研究所（原中国地震局分析预报中心）负责震中及其邻区早期灾情初步了解工作，及时将收集到的地震影响范围和程度等情况及时向中国地震局报告；核实省级地震部门的预评估结果，并及时报监测预报司应急管理处。

省级地震部门负责辖区内破坏性地震灾害或大中城市显著地震发生后灾情（或地震影响）速报的组织、管理和上报工作。地震发生后，省级地震部门应通过各种途径，迅速了解和收集地震破坏或影响情况，按速报时限将灾情信息及时上报中国地震局。

各地震台站要把地震灾情收集、速报纳入台站的工作职责。破坏性地震发生后，在保障地震监测工作的同时，须做好所在地区地震灾情的收集和速报。

震区地、市、县地震工作部门负责迅速启动当地地震灾情速报网，并负责地震灾情（或地震影响）的收集、速报。

有关省级地震部门得到中强以上或大中城市显著地震基本参数的速报后，应立即通报震区地、市、县地震工作部门及震区地震台站，并派人协助省级政府开展灾情收集工作。

参加群测群防的人员，应迅速展开工作，按照规定，通过地震灾情速报网或其他有效渠道，报送相关信息。

（2）做好灾情速报的准备工作。

省级地震部门和各地、市、县地震工作部门要积极推进各级政府、各部门组建地震灾情信息速报人员网络，建立能够覆盖辖区范围内的地震灾情信息速报人员网络。

国家和省级重点监视防御地区（城市）所在的乡（镇、街道）可以发展科技助理员或民政助理员等为灾情速报人员。

结合群测群防网点（地震宏观信息网点）的建设和发展，合理布局、完善地震灾情信息速报人员网络。

各省级地震部门应掌握辖区范围内地震重点监视防御区所在的乡级以上人民政府的电话号码以及其它的通讯手段联络方式。完善地震系统通讯网，包括设立灾情专线（限制呼入电话）、保密电话，建立计算机网络系统，保证无线电台的通畅等；加强应急人员有关应急通讯器材的配备。加强地震知识宣传普及教育，增强各级政府和群众的灾情意识；加强对各级地震灾情速报人员的业务技术培训。

各级地震部门应紧紧依靠当地政府，做好地震灾情速报工作，建立政府各部门之间通报地震灾情信息和汇总到地震部门的机制，并使之制度化。

（3）明确地震灾情速报的关键内容。

要根据本地具体情况，制定和完善《地震灾情速报程序及内容》，并进行广泛宣传。地震灾情速报的内容至少应包括如下几个方面：地震造成破坏的范围、有感范围，有感情况；人员伤亡等情况；对一般工业与民用建筑物、生命线工程、重大工程、重要设施设备的损坏或破坏、对当地生产的影响程度以及家庭财产的损失等情况；地震对社会产生的综合影响，如社会组织、社会生活秩序、工作秩序、生产秩序受破坏及影响情况等。

破坏性地震灾害或大中城市显著地震发生后，地震灾情速报人员要迅速开展工作，要不间断地通过各种渠道收集灾情信息做到有无灾情均要速报，做到"有灾报灾，无灾报安"。

3.2.4　进行地震速报优先把握"快"的原则

震后第一时间发布震中位置、震级大小、震源深度等地震参数，也就是进行地震速报，对于政府和社会公众迅速判断灾情、及时启动应急处置，最大限度地减轻地震灾害损失具有重要意义。

自动速报技术已被国外地震机构普遍采用，美国、日本、欧洲等均直接在网站上发布自动地震速报结果，第一时间向政府和社会提供速报服务，并不断用更新结果进行修正。

自2013年4月1日起，中国地震局也开始正式提供自动地震速报服务，中国地震台网通过手机、网站、微博、移动客户端等渠道，向全社会实时发布自动地震速报信息。

实时自动地震速报是利用近年来发展起来的全新地震速报技术，通过计算机自动处理地震台网的实时监测数据，实现快速地震定位和震级测定。自动地震速报最突出的优点就是"快"，从处理到发布均由计算机自动完成，与传统人工速报相比具有明显的速度优势，如中国国内地震一般 1 ~ 2 分钟之内便可快速定位，而人工速报通常需要 10 分钟左右。

地震学家主要是依靠地震台网来测量地震造成的地面运动，从而确定地震的参数。地震波传播的速度不高，在地壳中，大约是几千米每秒的数量级。同时，地震波在地球内部传播的方式又很复杂，在地下，地震波可以发生所有我们在光学里熟悉的波动现象——反射、折射、散射、聚焦等。

如果我们要准确地测定地震的时间、位置和震级，就需要得到尽可能多的地震台站的资料，只有在地震记录资料比较多的情况下，才能有效消除由于地球内部结构的复杂性所带来的干扰。但是，地震波传播速度的有限性，使获得比较多的地震台站的资料需要一定的时间。这个时间差不是数字技术可以解决的问题，也不是计算机可以解决的问题，而是由地震波的传播规律所决定的。

所以，一般地说，在地震发生之后，地震学家首先是用比较少的台站资料，在比较短的时间内得到粗略的地震参数，采用计算机自动定位和数字通讯网络以后，这个过程已经大大地加快了。现在，这个过程最快可以在地震发生之后的 1~2 分钟内完成。但是，这样得到的结果通常有很大的误差。这种误差的产生不仅是由于台站数目太少，而且是由于地震波的传播很复杂，因此在识别地震信号的时候，计算机常常弄错。所以，按照国际上通用的做法，一般是在地震发生之后的非常短的时间内，用不多的台站资料，由计算机给出初定的结果，然后再由分析人员进行校验。初定的结果一般很快，但是误差很大；比较精确的结果的产出，则需要长一些的时间。

此外，在地震监测中还有另一种情况。由于地震断层不是对各个方向都对称的，所以沿着各个方向的地震波辐射强度常常是不同的。如果地震台网的分布范围比较小，且偏于一个特定的方位，那么用这个台网定出来的震级，通常就会有一个系统的偏差。这就是为什么常常在地震之后，需要根据更多的地震台站的资料修订震级的原因。

因此，对地震速报来说，做到"又快又好"是有限度的。另一方面，从防震减灾的实际需求的角度说，社会对地震速报的要求实际上也并不是"又快又好"。在地震发生之后，社会首先需要的是"快"，以回答"是否需要启动应急系统"的问题，需要的主要是速度而不是精度。就是说，首先需要的，并不是精确的地震参数，而是大致的地震参数。对政府和社会公众而言，这时最需要回答的问题是这次地震究竟是"大地震"还是"小地震"，而并不是震级究竟是 6.5 还是 6.8；距离有多远或者大致在什么地方，而并不是确切的经纬度数字。即使存在一些误差，这些参数也应该尽快给出。

但是，在地震发生后的比较长的时间之后，为了详细了解的需要，社会需要的是"好"的信息，是尽量精确的、尽可能多的信息，需要的是精度和信息量。这时早两个小时、晚两个小时给出这些信息已不再是主要矛盾，但是仍旧重复原来的几个不太准确的参数却是满足不了人们的期望。

这样，我们就能够理解为什么有时一次地震刚刚发生，地震速报信息显现是4.5级，20分钟以后，又调整为了4.8级。这其实是很正常的。

在参加群测群防地震灾情速报工作的时候，也要注意先把握"快"的原则，先在第一时间报送初步信息，再不断补充和完善，以便为政府和有关部门迅速准确决策提供有价值的参考资料。

3.2.5 震后报告地震灾情应考虑哪些因素

在破坏性地震作用下，可引发多种灾害，如人员伤亡、建筑物倒毁、构筑物或基础设施破坏、财产损失、社会与经济秩序的破坏、生产秩序的紊乱等等。从救灾角度来讲，不同灾情救援的紧急程度和需求都有所不同，因此进行应急指挥时需要关注的灾情细节也是十分复杂的，合理的进行灾情信息的分类，才能有效地进行现场信息的反馈与集成。根据历史的震害经验、应急救援经验和国家相关规范出发，现场灾情信息可分为9大类，如下图（表后）所示。

在破坏性地震发生启动灾情速报程序并进行口头速报之后，要及时填写和上报灾情上报表。需要注意的是，了解多少情况就填写多少，一次速报不必求全，随着事态的发展和了解情况的变化，必要时，可随时填报地震灾情上报表。

地震灾情上报表

第　期

上报单位		批准人		填表人		
灾情截止时间	年　月　日　时			上报时间	年　月　日　时	
联系人		联系方式				
震时感觉						
人员伤亡情况		死亡人数	失踪人数	被掩埋人数	重伤人数	轻伤人数
	造成人员伤亡的主要地点					
	主要原因					
牲畜死亡情况		大牲畜			小牲畜	
	造成牲畜死亡的主要地点					
	主要原因					
建（构）筑物破坏概况						
生命线等工程破坏概况						
次生灾害情况						
室内财产损失情况						
震区人员生活状况						

续表

社会秩序 影响情况	
地震灾区 救灾情况	
地震地质 灾害情况	
各类异 常现象	
紧急救援 的需求	
其他需说 明的情况	

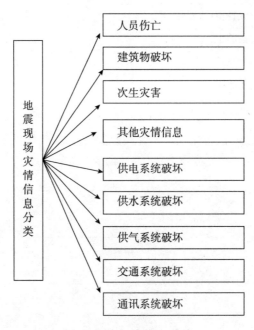

地震现场灾情信息分类

"上报单位"可以填写乡镇或所在社区（村）居委会，为了使收到报表的部门全面准确地了解情况，这一栏一定要认真详细填写；

"批准人"可以是乡镇或所在社区（村）居委会的负责人，这一栏要用手写的签名；

"灾情截止时间"应尽可能填写得详细些，日期也不要忽略，精确到时（尤其是灾情发展迅速的前期）；

"联系方式"最好写手机（尤其是发生破坏性地震后，在室外躲避或组织抢险、救援时）；

"震时感觉"可以参考如下语言描述：敏感的人稍有感觉、静止的人有较强感觉，室内的人多数有感、室外的人稍有感、室内的人都有感、室外人多数有感、步行中的人稍有感、所有人都有感觉并站立困难或摔倒，少数睡着的人醒来或惊醒、多数睡着的人醒来或惊醒、全部睡着的人醒来或惊醒，一些人惊逃到室外等；

"人员伤亡情况"一栏中，死亡和受伤的人员主要地点和原因可分开描述，如室内、室外，房屋倒塌、砖瓦砸伤等；

"牲畜死亡情况"一栏中的地点 填写发现的位置，比如在棚内，房屋旁边等；

"建（构）筑物破坏概况"可以参考如下语言描述：墙壁掉土、灰层剥落，天花板震落、部分天花板震落、大部房梁掉土，微小裂缝、较宽裂缝、较多裂缝，门窗咯咯作响、不能开关门窗、玻璃破碎，房屋轻微损坏，掉砖、瓦，梁柱脱榫，平房的烟囱倒塌、瓦房烟囱倒塌，土坯房或草房倒塌，窑洞倒塌，老旧房倒塌、新砖房倒塌，楼房倒塌等等；

"生命线等工程破坏概况"主要填报供水、排水管道，电力线路、燃气及石油管线等，电话、广播电视、网络等通信系统，公路、铁路等交通线路和设施等等的破坏情况；

"次生灾害情况"需要填写由于地震所造成的山体崩塌、滑坡、泥石流、水坝河堤决口造成水灾，震后流行瘟疫，易燃易爆物的引燃造成火灾、爆炸或由于管道破坏造成毒气（含放射性物质）泄漏与扩散等方面的情况；

"室内财产损失情况"既包括大型家用电器，也包括便携式电器（笔记本电脑，照相机等）以及现金首饰等贵重物品损失；

"震区人员生活状况"主要指衣食住行等方面的情况；

"社会秩序影响情况"主要描述灾区人民在遵守行为规则、道德规范、法律规章等方面的情况；

"地震灾区救灾情况"主要填写灾民自救互救、救援队、医疗队、志愿者等人员情况和采取的主要行动；

"地震地质灾害情况"包括软土地面陷落、地面沉陷、喷砂冒水、地裂缝、崩塌、滑坡、泥石流等方面的情况；

"各类异常现象"包括地下水异常、生物异常、地声异常、地光异常、电磁异常、气象异常等等；

"紧急救援的需求"包括医疗救护紧急技术需求和工程抢险紧急技术需求，如：大约有多少人需要紧急救治，本地的自救及医疗条件如何，急需什么样的外援救治，进一步的可能危害因素。例如天寒地冻、房倒屋塌、伤员难以就地安置医治亟待外运疏散，等等；

"其他需说明的情况"一栏内可填写前面的内容涵盖不了，与本次地震有关或需要说明的内容。

3.2.6　如何按程序进行地震灾情速报

根据中国地震局《地震灾情速报工作规定》（中震救发〔2010〕67 号），震区地、市、县地震工作部门负责迅速启动当地地震灾情速报网，并负责地震灾情（或地震影响）的收集、速报。

为了加强地震灾情速报的管理，及时、准确地收集并速报地震灾情（或影响），保证各级人民政府抢险救灾、决策指挥的需要，负责灾情速报的各有关单位应结合自身职能和特点，制定《地震灾情速报的基本程序》，并加强地震知识宣传普及教育，增强各级政府和群众的灾情意识，加强对各级地震灾情速报人员的业务技术培训。

对于参加群测群防工作的速报人员来说，地震灾情速报的基本程序是：发生地震要立即向当地政府及地震主管部门报告，了解、掌握多少情况就先报多少，内容先简后详。先用电话、电台口头报告，之后再采用传真或通过网络报送灾情上报表等文字方式报告。

传送途径要有"备份"方案，因为在平时轻而易举的事，震后都可能成为问题。所以，平时要知道哪里还有可用电话？还可以向谁报告？委托邻近的乡镇助理员迂回上报情况是否会更快，等等。

具体的地震灾情速报程序如下：

（1）初报（第一时间）。

地震发生 15 ~ 20 分钟内（夜间可增加 5 ~ 10 分钟，具体以

本地《地震灾情速报工作规定》的相关要求为准）

要点：简述个人感觉。

其内容是感觉到的地震动的程度、人们的反应、助理员所处环境及附近的房屋、景物的变化等。如果可能，还应尽可能包括社会及群众的动态和其他危险情况。

初次速报主要抓住"人的感觉"，因为这是最显著、最容易判别的情况。初次速报时，了解多少情况就先报多少情况，不必求全以免延误时机，关键是求实、及时。因为首次速报的目的是让上级最快地得知信息：某某地方的人已经感到地震（或者发生震害）了。

地震时人的感觉和器物反应现场调查表

调查人		时间		调查点烈度			
被调查人姓名		年龄		职业		学历	震时所在地
人的感觉	晃动	强烈、中等、微弱、无感觉					
	抛起	强烈、中等、微弱、无感觉					
器物反应	抛起物	砖石块、茶杯、水壶、小家具等物件					
	抛起距离	＿＿＿米					
	搁置物滚落	少量、部分、多数、全部（花盆、花瓶、花罐、书籍等）					
	悬挂物	电灯摆动，墙上挂画、乐器、小型家具掉落					
	家具声响	轻微、较响、剧烈					
	家具倾倒	原地倾倒、移动＿＿＿米、滚动＿＿＿米					
地声	声响大小	强烈、中等、微弱、无地声					
	方向	东、南、西、北、东南、西北、西南、东北					
被调查人震时位置		在室内（第＿＿＿层楼）、在室外＿＿＿					

158

报告用语：我是 ×× 乡镇（或社区）的 ××，现在从 ×× 地方向你速报地震有感（或破坏）情况，我所处环境（室内、室外）出现 ×× 感觉，有（无）人员伤亡，房屋破坏；周围景物出现 ×× 现象，详情正在调查中，随后补报。联系方式：××。

（2）续报（第二时间）。

地震发生 1 小时内（具体以本地地震主管部门的相关要求为准）

要点：简述当地地震灾害信息。

在初次速报后，群测群防人员应对自己负责的区域内的情况进行调查，重点是人员伤亡、房屋破坏和社会影响情况。初步情况调查清楚后，进行后续速报。以后还要不断调查核实和补充新情况，随时上报。人员伤亡是上级领导急需知道的情况，应随时上报，发现多少报多少。后续速报涉及的情况信息将会更加详细一些。

要注意通过自身感觉，询问周围人员，电话询问，现场考察等多种方式尽快广泛收集资料。

速报内容主要包括：周围人员感觉；房屋震害情况；人受伤害情况；室内器物震害现象。

报告用语：目前 ×× 人有感，×× 地点 ×× 人员伤亡，房屋出现 ×× 破坏现象，室内器物出现 ×× 现象。

（3）再次续报。

上次续报 1～2 小时后（一般震后 12 小时内，每隔 1～2 小时；震后 12 小时后，每隔 6 小时向上一级灾情速报平台续报地震灾情，具体以本地地震主管部门的相关要求为准）；如有重大灾情、突发灾情，应随时上报。

要点：扩大调查范围，补充、核实地震灾害信息。

速报内容：本行政区内有感或受破坏的范围；统计本行政区内人员伤亡数量；牲畜受伤害情况；社会影响：地震对社会产生的综合影响，如社会生活秩序、工作秩序、生产秩序的影响情况；经济影响：地震对生命线工程、一般工业与民用建筑物、重大工程、重要设施、设备的损坏或破坏，对当地生产的影响程度以及家庭财产的损失等。

报告用语：此次地震波及我镇××个村（或我街道××个社区），死亡××人，伤××人，倒塌房屋××间，××人无家可归，牲畜死亡××只（头），生命线工程（通讯、供水、供电、交通）遭受破坏情况，群众情绪××，工作秩序××。

（4）及时填写和上报灾情上报表。

在破坏性地震发生启动灾情速报程序并进行口头速报之后，要及时填写和上报灾情上报表。需要注意的是，了解多少情况就填写多少，一次速报不必求全，随着事态的发展和了解情况的变化，必要时，可随时填报地震灾情上报表。

《地震灾情上报表》可以用传真的方式上报，也可以通过网络或微信报送，在提交有价值的信息后，一定要注意打电话进行确认。

3.2.7 充分利用现代技术，构建地震灾情速报网

任何一次强震灾情判定，任何一次巨灾应急响应与救援行动都离不开有效快捷的灾情信息获取、传输、整合处理与共享，信息已

成为灾害应急救援有效决策、资源调配、协调指挥的关键与灵魂。充分利用现代技术，构建地震灾情速报网已经刻不容缓。

为了加强地震灾情速报信息化建设，快速获取地震灾区的灾情信息，2008 年，中国地震局依托防震减灾公益服务 12322 号码建设了全国统一的地震灾情短信息速报平台。地震后，灾区的灾情速报员、应急救援志愿者和广大群众可将地震感觉和地震造成的破坏情况按一定的格式约定通过手机编辑短信息发送到地震灾情短信息速报平台，发送号码为"12322"。通过地震灾情短信息速报平台可迅速汇集反馈的灾情，快速进行分析处理，及时圈定地震灾区范围和宏观灾害情况，为地震应急指挥决策提供依据。

随着网络的普及和新媒体的广泛应用，地震灾情速报网的构建又有了新的选择。

2013 年 4 月 20 日 8 时 02 分四川省雅安市芦山县发生 7.0 级地震发生后，微博、微信、手机等新媒体同时变成了信息聚合平台和救助动员平台。

正是由于新媒体本身所具有的功能和特点，使得公共事件的发起和讨论可以转移到微博、微信等进行，大家的发布、评论和转发形成官民积极互动的舆论场，使得新媒体在救灾保障中的信息传播效率得到有效加强。

政府作为抗震救灾的核心力量，首先利用新媒体平台采取措施。地震区的政务微信"四川雅安"的主要职能是发布灾情和救援动态，"广州公安"和公安公众微信、"寿光公安"在介绍地震的自救知识的同时提醒公众谨防地震诈骗。军方微博如成都军区雅安芦山抗震

救灾微博 "@雅安芦山抗震救灾"等也迅速开通,对救灾现场进行直播。交通部门如 "@成都发布"、"@成都交警"、"@平安成都"等官方微博账号实时报道路况、关注地震灾情,满足了公众的信息需求。

全国各大媒体也在第一时间通过官方微博关注地震,"人民日报"、"光明日报"、"新华视点"等微博通过"微评"、"微直播"的方式及时发布灾区动态,"央视新闻"也通过微博报告地震伤亡人数。"中国国际救援队"通过微博呼吁:"如果您的手机有信号,那么请您快快告诉我们您的位置、震感和看到的破坏情况。"该条微博短短一天时间就被转发42万次。

"4·20"雅安芦山地震发生后,"微博的力量"在信息传递与互通方面发挥得非常突出。国家电网公司及基层单位、公司媒体的官方微博,即时更新发布权威信息,与一线抢险队员和在线网民积极互动,传递着前方电网开展应急抢修、支撑恢复重建的正能量。

地震发生后,无数网民关心灾区情况。英大传媒集团各媒体在微博平台及时转发国家电网权威发布的抢修进展,并积极与一线抢修队伍微博、在线粉丝沟通,扩展了信息传播和互动效果。

4月21日上午,新浪网友 "农民工子弟兵"发出一条微博:"芦山县人民医院救助现场急需电网工程师帮助解决供电问题。请转发,紧急!如有电网工程师看到,希望能尽快去帮助救援。"《亮报》在20日进行了全天微博互动后,了解前方救援队伍情况,就把这条微博转发给在芦山的 "国家电网四川成都电力服务队"和 "鲁鹏志愿服务队",并询问 "有人在附近吗?"3分钟后就收到 "鲁鹏志愿服务队"的转发回应："我们的队员正在现场处理。"19 时 33 分，"鲁鹏志愿服务队"更新微博："电已经全部接通！"

继通信正常的灾区民众率先在微博、微信等平台发布地震信息后，许多微博名人、认证机构也通过微博平台进行救灾动员、普及地震相关知识，他们在此次的信息传播中充当着"意见领袖"的角色，加强了舆论导向和信息扩散的效果。

由于地震破坏了部分通信网络，微博、微信成为某些受灾地区最重要也是唯一的通信渠道，它们承担了传信息、报平安的任务。4 月 20 日，"@ 雅安寻人"微博开通，其所发的 600 多条微博都是地震寻人信息，腾讯官方开通的"雅安地震救助"微信账号中提供了在线求助、在线捐款、在线寻亲等服务。微信启动一对一客户服务帮助灾区的个人及公益机构，为公益组织公众账号扩容至 2000人。同时，新媒体在进行雅安地震的信息传播中，也出现了更加理性的声音。如有些学者提示媒体，要进行报道资源的整合，不要只关注受灾地区也要关注直播地图上被忽略的区域；还有的学者通过微博呼吁为了减轻道路和救援负担，民间救援组织不要一股脑地涌向灾区。

截至 4 月 20 日下午五点，根据新浪微博的统计数据：有关雅安地震的微博共有 6400 万条，其中寻人微博 231 万条，报平安微博总数 1008 万条，这些数字十分惊人。

为了使各级地方的灾情速报人员在地震发生后及时快速准确上报震情情况，同时，指挥中心能及时收集分析上报数据，指挥各级速报人员，使救援方案的高效率实施成为可能，地震系统正在组织研发灾情速报应急响应系统。

比如，南京研发了一款针对震情快速反应与分析的应用软件。系统分为服务端和手机端两部分，服务端用于指挥部收集分析上报数据，并且联动指挥各级速报人员，只要速报员登录应用软件，手机端便可以用全球卫星定位系统实时定位到速报员的位置，以便获取详细灾情信息。

在地震发生后，灾情速报人员可以通过应用软件反馈灾情信息，震感、人员死伤、房屋损害、基础设施以及次生灾害等情况，在与服务端的数据库相连的大屏幕上展示出来，灾情严重程度在地图上用从红到绿不同颜色反映，一目了然。

充分利用地震新媒体在实施灾情速报方面的巨大能力，是推动防震减灾工作健康发展的一个重要方向。

4 推进全民动员、共同参与的社会应急管理工作

4.1 建立有效的地震应急机制

4.1.1 我国地震应急管理工作的发展情况

新中国的地震应急工作，始于 1966 年邢台地震的抗震救灾工作。此后 50 年来，地震应急工作在地震实践中不断学习、不断摸索、不断反思、不断总结，历经了大震中学习应急、总结反思研究地震应急对策、地震应急概念确立、地震应急工作体系化建设等四个阶段，基本形成了在政府统一领导下，各级地震主管部门综合协调，各相关部门分工负责，军警民共同参与的地震应急工作体制和运行机制，初步建立了以法律法规为保证、应急预案为基础、应急指挥机构为核心、应急技术平台为支撑、应急救援队伍为保障的地震应急工作体系。

（1）在大震中学习救援，研究地震应急对策。

1966 年到 1976 年的 10 年间，我国的地震活动相对活跃，其间

先后发生了 1966 邢台 7.2 级、1970 年通海 7.8 级、1975 年海城 7.3 级、1976 年龙陵 7.4 级、1976 年唐山 7.8 级等大地震。面对突如其来连续发生的破坏性地震，各级党委、政府领导人民展开了大规模的抢险救灾工作。

在抢险救灾工作中，人们探索和积累了一定的经验。这些经验，有的在本次地震中就得到应用，有的在后来的地震中得到应用。很多经验对于现今我国地震应急的理论和实践仍具有重要的意义。

从 1976 年河北唐山地震到 1988 年云南澜沧—耿马地震的 12 年间，我国地震活动处在相对平静阶段，在这期间，人们静下心来对地震应对工作进行了总结和反思，全面研究探索减轻地震灾害的对策，召开了"大震对策学术讨论会"、"地震对策国际学术讨论会"，编写了《地震对策》一书。该书按照震前、震时、震后 3 个时序阶段，从预测预报、抗震、救灾、减轻地震灾害战略战术、地震社会学等几个方面总结研究，提出了我国今后的地震对策。

（2）"地震应急"概念正式确立并推进法治化。

1991 年，在国务院指导和有关省级政府的协助下，国家地震局总结了各地经验，立足于全国普遍需求，不失时机地编制了《国内破坏性地震应急反应预案》，国务院审议并通过该预案。至此，"地震应急"的概念被正式确立，地震应急工作作为防震减灾工作的重要环节被予以重视。1995 年 2 月，国务院发布《破坏性地震应急条例》，同年 4 月 1 日施行。1997 年 12 月 29 日，国家发布《中华人民共和国防震减灾法》，1998 年 3 月 1 日施行，地震应急被列为防震减灾四个重要环节之一。这些法律法规的颁布和施行，使地震应急工作有法可依，逐步走上了法治化道路。

1998 年以来，中国地震局会同有关部委制定"地震应急检查工作制度"，开展了全国地震应急检查工作，已先后赴河北、四川、青海、新疆、云南、内蒙古、辽宁、甘肃、山西、宁夏、山东、天津等 12 个省（自治区、直辖市）进行了实地检查。部分省级地震局也会同省政府有关部门制定了本地区的"地震应急检查工作制度"。同时，许多地区的地震部门会同地方政府或部门在重点地区开展了形式多样的地震模拟演练。

（3）积极推进地震应急工作体系化建设。

为了加强平时和震时的应急工作统一领导和指挥调度，2000 年 2 月，国务院成立了国务院抗震救灾指挥部和国务院防震减灾工作联席会议制度。

目前，国务院抗震救灾指挥部的应急指挥系统在技术上已初具规模，建立了震情、灾情、对策、指挥、信息等方面的初级工作平台，为国务院领导和有关部门指挥抗震救灾行动提供了基础的技术支撑条件，实施了对新疆巴楚、云南大姚、内蒙巴林左旗、江西九江等地震的应急指挥。

2000 年 5 月，国务院召开全国防震减灾工作会议，明确我国防震减灾工作的指导思想，确立防震减灾的"监测预报、震灾预防、紧急救援"三大工作体系，地震应急工作开始常备性的机制建设，加强国务院抗震救灾指挥部建设，提高地震应急反应和指挥能力，完善各级各类的地震应急预案，开展地震应急演练，培养地震应急意识和能力，建设地震应急与救援队伍建设，做好地震灾害现场的应急工作。

经过"九五""十五"期间的努力，目前全国各省（自治区、直辖市）都已成立了抗震救灾指挥机构（防震减灾联席会议或防震减灾领导小组）。全国地震重点监视防御区县级以上政府也建立了"平震结合"的地震应急领导机构。一些地方的抗震救灾指挥机构还经受了破坏性地震的检验。

经国务院、中央军委批准，2001年国家地震灾害紧急救援队（中国国际救援队）正式成立，填补了我国没有专业地震救援力量的空白。

为保证地震现场工作的组织、人员、责任、措施到位，使地震现场工作迅速开展，2002年中国地震局正式组建中国地震局国家地震现场科学考察应急工作队。按照中国地震局党组要求机关干部和专家出动地震现场应急工作的指示精神，中国地震局联合组队参加地震现场工作，并形成了一套行之有效的现场应急工作程序和制度。各省级地震局也对省级地震现场工作队伍全面进行了充实和调整，形成了一支技术素质较高、年富力强、能战斗的地震现场工作队伍。

自2003年以来，中国地震局、各省级地震局出动近千人次奔赴70余个地震现场，以严明的纪律，准军事化的行动，高效有序的组织，本着对灾区人民负责、对工作负责的态度，克服种种困难，圆满完成了地震监测和趋势判断、灾害损失评估、科学考察、房屋安全鉴定、防震减灾知识宣传等现场工作任务，地震现场应急工作能力不断提高，地震现场应急实效明显，为灾区社会稳定和减轻灾害发挥了重要作用，受到了灾区政府和人民的欢迎和好评，增进了各级政府对地震部门的理解和支持，起到安定社会，增强公众抗灾信心的作用，同时提高了政府威信。

2003 年"非典"突发公共事件后，国务院要求统一组织编制国家、国家各部门、各级地方政府、各单位的突发公共事件应急预案。

2005 年国务院颁布了《突发公共事件的总体应急预案》，其中包括 25 个专项预案和 80 个部门预案，并先后召开了 2 次全国应急工作会议，体现了各级政府和全社会对突发公共事件的高度重视，我国地震应急与救援也得到较快的发展。

中国地震局根据《国家地震应急预案》的要求，制定和颁发了《中国地震局地震应急预案》。国家 25 个部、委、局编制了地震应急预案，许多部门开展了本系统内各级和重点企事业单位的预案编制；31 个省、自治区、直辖市人民政府都编制了地震应急预案，并纳入相应的政府突发公共事件总体应急预案中；地震重点监视防御区市县两级的预案均纳入相应的政府突发公共事件总体应急预案中；地震重点监视防御区市县两级的预案均已制定，一些重点地区还延伸到乡镇。北京、上海、天津等城市，还针对特大城市特点，就强有感地震，地震传闻事件，人员密集场所和街区紧急疏导等制定了相应预案。

（4）社区志愿者队伍和地震应急避险场所建设取得一定进展。

2003 年以来，中国地震局每年都将推进社区志愿者队伍列为应急救援体系建设的重点工作之一，开展了志愿者示范区的工作。在北京、河北、山西、宁夏等地的带动下，目前，全国很多社区都组建了社区应急救援志愿者队伍。志愿者通过学习、培训和演练，掌握了应急救援基本知识，具备了紧急抢险、人员救助等基本能力，提升了社区应对突发灾难的能力。

在应急避险场所建设方面，中国地震局已经制定了《应急避难场所建设的指导意见》，不少地区已陆续开始推进疏散避难场地建设，并把避难场所的建设纳入到城市的规划建设中。首都北京在建设和规划元大都城垣遗址公园的同时，在全国率先建设起了应急避难场地。在此基础上，北京市各区县又建成 20 多处应急疏散场地。为北京市民应对各种灾害避难疏散增强了信心。

4.1.2　做好地震应急工作应把握好的关键环节

（1）提高认识是做好地震应急救援工作的基础

地震应急与救援的根本任务是抢救生命、减少损失。国内外数十年的防震减灾实践表明，无论是否做出地震预报，无论是否进行抗震设防，破坏性地震发生后，应急与救援都是援救生命减轻灾害的必要行动。尤其是在地震预报不过关，抗震设防尚未到位的当前，及时、有序、高效的应急救援，快速掌握震情、灾情，迅速判断地震趋势，抢救生命，救助灾民，稳定社会，安定民心，传递信息，辅助决策，评估灾情，科学考察，都是非常重要和刻不容缓的工作。

只有认识到应急与救援工作的这些必要性和重要性，才能认识到建设应急救援体系是最大程度减灾的需要，是全面建设小康社会的需要，是建立新的国家安全观的需要，是市场经济体制下政府职能转变的需要，是国家整体外交工作的需要；才能把应急救援体系建设抓紧、抓实、抓好；才能真正取得减灾实效。

（2）必须加强地震应急法制建设

地震应急与救援工作，直接关系到人的生命安危和财产损失，社会性强、专业性强，涉及面广、影响面大，必须在法律框架内才能顺利开展。早在20世纪40—50年代，一些发达国家就对本国的灾害应急管理作了立法。20世纪90年代前后，我国政府颁布了《中华人民共和国防震减灾法》《破坏性地震应急条例》《国家破坏性地震应急预案》等一系列法律法规，明确各级政府及其职能部门、社会公众在地震应急中的地位、职能、作用，规范社会的地震应急行为，保障了地震应急与救援工作的顺利开展，推动了地震应急与救援工作的发展。随着政府、公众对各类灾害越来越多的关注，应急与救援已不仅仅是文字或言语，已越来越多地形成了措施和行动。这些措施和行动的动机目的都是良好的，但如果没有法律法规约束，有些措施和行动可能反而影响甚至破坏应急与救援的效果。因此，必须加强地震应急法制建设，依法开展应急与救援、依法建设地震应急救援体系。

（3）建立和健全应急体制，完善发展中的联动机制

一些发达国家面对重大灾害、突发公共事件能够从容应对，把损失减到最小，是因为这些国家已有一套适合国情灾情的、健全完善的应急管理体制。我们国家地域辽阔、人口众多、灾害种类多、灾情严重，长期以来，与灾害有关的部门多、与救灾有关的力量散。进入21世纪，国家坚持"以人为本"的治国理念，越来越重视处

置突发公共事件的应急管理体制建设，正在形成适合我国国情灾情特色的应急管理体制。这个特色是：在政府统一领导下，某一灾种的管理部门协调相关部门密切配合，动员全社会参与。几十年来，坚持这个特色，地震应急与救援从无到有、从认识到实践、从地震部门走向社会，已取得显著减灾实效。在当前，坚持已取得实效的有特色的应急管理体制，是建设地震应急救援体系的发展根本。

虽然在地震应急体制中，一贯重视在政府统一领导下，与相关部门的协调配合、发挥地方各部门和公众的作用，但这还不是应急联动机制。现代意义的应急联动是城市信息化建设的一个重要内容，其内涵是以政府为核心，整合政府相关部门的资源，建立相应的机制、体制和信息系统，指挥调度应对各种自然灾害等突发紧急事件的行动。依此内涵，地方地震应急与救援的联动，是以各地方政府为核心，整合当地相关部门所有的资源，建立相应的机制、体制和信息系统；地震系统应急与救援的应急联动是以中国地震局为核心，在组织上，横向联络相关部门、纵向组织各级地震部门；应急联动在技术上，依托从国家到地方的地震应急指挥技术系统以及相关部门的应急指挥技术系统，指挥、调度、应对地震灾害造成的损失。

（4）提高应急快速反应能力

实践证明，应急救援突发性强、时限要求高。没有强烈的应急意识和快速反应能力，无法承担地震应急救援任务。应急意识和快速反应能力不是与生俱有的，是学习实践中逐步形成的。因此，强烈应急意识的形成，一要明确要求，二要加紧培养，要求有随时发生地震灾害的思想准备、组织准备、技术准备、物资准备；应急救援的行动要求是反应迅速、机动性高、突击力强。要达到这个要求必须经常强化应急意识，反复训练演练。提高地震应急快速反应能力，一靠预案组织，二靠反复训练演练，三靠技术和装备。有了各种不同情况下的各种对策方案，有了现代化的指挥技术系统，有了"全天候"的现场装备，包括快速运输工具，通过演练落到实处，就能真正形成地震应急快速反应能力。

（5）做好地震应急预案编制和落实

如果说，信息、队伍是地震应急救援的核心因素，那么，地震应急预案就是上述两者的枢纽。近年来，新疆巴楚—伽师、河北张北、云南大姚、江西九江等几十次地震发生后，各地、各部门不同层次、不同程度地启动了地震应急预案，保证了临震不乱，应急快速、高效、有序，抗震救灾措施得力，取得了明显的减灾实效，改变了过去被动救灾的盲目、混乱状况。但也有的地方，由于未编制或不落实预案，发生地震灾难后造成不应有的损失。当前，国务院已把应急预案的编制作为突发公共事件应急的一项重要工作内容。最早起步编制应急预案的地震部门最深刻地认识到，只有做好地震应急预案编制和落实，才能成为实施地震应急救援的有效保证。特别是编制应急预案已被列入各级政府各部门的议事日程时，落实成了要害。预案好坏的要害是能否落实，落实到部门、落实到人、落实到每一个电话号码、落实到每一件应急用品。对于地震应急预案的落实，经常性、制度性的检查还不够，必须组织开展单项与综合相结合的训练、协同训练以及模拟演习。在训练演习中调整、修改、完善预案，使之动态化、使之越来越满足实战需要。

（6）及时获取处理应急救援顺利开展所需的信息

信息贯穿地震应急与救援工作的始终，信息上联政府下联公众，信息是进行抗震救灾指挥、决策的基础和重要依据。只有及时获取和处理信息，才能高效调度各种应急救灾力量，实施应急救援；才能及时稳定社会、安定民心。没有信息或对信息处理不当，地震应急与救援工作就无法开展或造成不应有的损失。信息种类多，最重要的是震情、灾情和中央决策；信息渠道广，主要是各级政府、地震专业部门、新闻媒体。及时获取信息，科学分析、慎重处理、恰当使用、充分发挥信息作用的基础，一是建设可靠的信息收集处理技术系统，依托强大的防震减灾数据库、地理信息系统、卫星通讯系统……，确保信息在技术上畅通无阻；二是组建专群结合、上下联通的灾情搜集上报网络，确保信息快速、准确地到达目标。作为地震应急救援的关键措施，要十分注意信息的指导性、导向性，还要把握信息的透明度和公众的知情权。

（7）加强应急救援队伍建设

在地震现场实施地震应急救援工作的主体是地震现场应急工作队和国家、省、地市专业地震紧急救援队。两支队伍都是地震应急救援的核心因素。对两支队伍必须做到反应快捷，行动迅速，机动性高，突击力强，技术过硬，作风顽强的要求是明确的。但目前两支队伍组建时间都不长，无论是队伍规模结构，还是人员技术装备，特别是实践经验，不和发达国家相比，就和国情灾情的需要相比也有很大差距。面对不断发生的灾害，以"爱岗敬业、艰苦奋斗"，"顽强拼搏、勇往直前"，"团结一致、百折不挠"为目标的队伍建设是一个永恒的题目。在当前体系建设初期，完善队伍建设是地震应急救援工作中的重中之重。以这样两支队伍为骨干，协调相关行业的紧急救援队伍，志愿者队伍密切配合，带动广大社会公众，才能保证应急与救援工作的快速、高效和有序，才能使应急与救援工作顺利进行得到有力保障，地震应急救援取得实效。

（8）广泛动员社会公众参与

广大社会公众关注地震应急与救援，地震灾区的社会公众是地震应急与救援的直接对象，社会公众又是地震应急与救援工作的重要组成部分。在地震灾害现场，地震应急与救援工作的第一个行动就是自救互救，现场的社会公众直接参与。实践告诉我们，大规模灾难中的生命抢救主要是靠自救互救完成的。即使专业现场工作队和紧急救援队到达现场实施应急与救援工作，也离不开灾区公众的支持和帮助，国内如此，赴国外救援更是如此。一方有难八方支援，这是我国人民的优良传统，也是国际人道主义的体现。八方的主体就是广大社会公众。广大社会公众参与是发达国家应对突发巨灾，减少伤亡和损失的有效措施之一。在地震应急救援体系中，动员社会公众参与已成为一个重要内容，但却是一项长期艰苦复杂的工作，其基础就是提高公众的忧患意识、防灾意识和应急意识；同时，要不断建立健全基层应急组织和相关的志愿者队伍，并完善其工作行动的机制和程序，开展经常性的培训和演练。广大社会公众的能力水平以及作用的发挥直接影响地震应急与救援的实效，反映国家的文明程度。

4.1.3 建立健全城市突发性自然灾害的应急处置机制

建立健全城市突发性自然灾害的处置机制，显著增强城市灾害应急处置能力，最大限度地减轻自然灾害及突发公共事件造成的危害，是保证救灾应急工作顺利开展的关键。城市灾害应急处置能力包括灾害监测与预警能力、工程防御能力、居民反应能力、灾害救援能力、社会控制效能、资源保障能力等。

如何建立健全城市突发性自然灾害应急处置机制呢？

（1）完善应急管理机构，加强应急队伍建设。

地方政府应按照《中华人民共和国突发事件应对法》的规定"建立统一领导、综合协调、分类管理、分级负责、属地管理为主的应急管理体制"，整合各类应急资源，成立应急管理的领导机构和办事机构，负责本级城市的灾害监测、预防、救援和重建工作。同时，要加强应急队伍建设，发挥广大群众的积极性，形成专群结合、警（军）民结合、共同参与、互为补充的综合应急救援体系。

（2）加强应急预案建设，增强可操作性。

应急管理的"一案三制"体系是具有中国特色的应急管理体系。"一案"为国家突发公共事件应急预案体系，"三制"为应急管理体制、运行机制和法制。应急管理体制主要指建立健全集中统一、坚强有力、政令畅通的指挥机构；运行机制主要指建立健全监测预警机制、应急信息报告机制、应急决策和协调机制；而法制建设方面，主要通过依法行政，努力使突发公共事件的应急处置逐步走上规范化、制度化和法制化轨道。其中预案建设是应急管理的龙头，是"一案三制"的起点。预案具有应急规划、纲领和指南的作用，是应急理念的载体。地方政府应根据本地可能发生的自然灾害的特点，制定预案及专项分预案。在专项预案体系中，不仅有交通、通讯、消防、市政、人员安置、资源保障等，还应设立环境保护、恢复重建计划等专项预案。作为对本地应急预案的补充，还应与相邻城市订立合作框架协议，共同应对区域灾害。

（3）完善队伍体系，提高应急能力。

地方政府应按照"专兼结合、平战结合、军地结合、社会共同参与"的原则，建立以公安、消防、武警、解放军、预备役民兵为骨干力量，以地震、医疗救治、抢险抢修、供电、煤气、水务、通信保障等各专业救援处置队伍为基本力量，以企业专兼职救援队伍和应急志愿者队伍为辅助力量的应急救援队伍体系，要求细化职责、严明纪律、立足平时、强化演练，提高防范和应对处置突发事件的能力。

（4）强化应急演练，完善应急机制。

应急机制的启动，并非一种单纯的技术操作，而是面对灾害反应能力增强的一种表现。领导机构能够根据预案，及时分析判断事件的性质、类型及影响，如涉及重大人员伤亡或财产损失，能够第一时间快速有效地启动应急机制。应急机制的主要内容是：组成应急小组，制订工作计划；确定联络方案，保障信息畅通；开设热线电话，收集各方资讯；协调有关单位共同开展工作等。为此，一方面要注重应急队伍的培训，制订演练计划，加强应急演练，着重提高快速处置能力。另一方面，要重心向下、加大对城市基层应急管理工作的投入，完善基层应急处置专门队伍和装备条件，保证应急队伍和装备条件在最短时间内迅速到位，提高基层应急能力建设。

4.1.4　建立健全应对自然灾害的社会协同机制

1949 年后，新中国在救灾领域建立了一套以政府为主体的救灾模式。这套模式的形成，有其历史和现实的必然性。首先，它是由中国的特殊国情决定的。长期的封建社会历史导致人们形成了严重的依赖观念，通俗地讲就是"有事找政府"的观念。其次，自中国存在政府以来，救灾工作从来就是政府的事情。长期的政府救灾实践一方面为新中国救灾模式的确立提供了些许经验，另一方面，巨大的历史惯性也使得这种模式得以在新中国成立后继续存活。再次，在大的自然灾害面前，需要迅速的强有力的国家动员，中国政府的"政治动员"模式在最危急的时刻便会显示出其巨大的优越性，能够在最短的时间内整合最多的人力、物力应对自然灾害带来的危机。

在这种体制下，政府具有"全职管家"的角色，在灾害管理工作中大包大揽，一方面不利于动员社会成员参与救灾工作，另一方面社会组织失去了生存的空间和必要，缺乏生长的土壤。

由于建国后民间组织登上中国社会救助舞台的时间比较晚，比较活跃的民间组织往往又带有浓厚的官方色彩，此外，传统"政府救灾模式"的巨大惯性也使民间组织的作用得不到应有的重视，对于民间组织的发展尚停留在号召和动员层面上，这使得"民间组织等社会力量参与减灾的机制还不够完善"。

机制的不完善首先会增加民间组织获取资源的难度，进而影响了民间组织参与救灾的积极性，限制其发挥作用的空间。其次，影响民间组织的健康发展。从民间组织自身情况看，有的民间组织活动行为不规范，有的组织机构不健全，有的作用发挥不明显，有的政社不分，"官办、官管、官运作"，导致行政化倾向严重，工作透明度不高，这些问题的存在在一定程度上也是相关机制和政策不完善导致的，尤其是缺乏相关约束和监督机制造成的，而这些问题又在很大程度上使民间组织失去社会的信任，增加了参与救灾减灾的难度。

突发灾害的应急事关每个人的安全，是全社会应该共同参与的工作。因此，地方政府应建立健全应对自然灾害的社会协同机制，动员非政府组织、企业等社会组织及个人等多元主体依据各自优势、迅速反应，并力所能及地提供物资支持、现场援救等。

在这方面，香港的很多做法非常值得我们借鉴。在香港，应对台风有一支不可忽视的力量，那就是通过整合的社会组织、企业和个人等社会资源。这些社会力量能够有效地参与到突发性自然灾害的预警、应急、救灾等环节，如香港红十字会于8号风球过后，紧急动员赈灾义工及职员，到受灾区协助当地居民清理居所内外的泥泞杂物、重新安置家具等，协助他们尽快恢复正常生活，同时发放赈灾物资。一些公用事业运营公司也会对外发布信息，疏导人流。比如香港地铁公司，即使在8号风球下也会给民众提供服务。特别是在下班高峰期，地铁还提醒民众不要慌张，地铁班次比平时还多。

台风信息的发布和更新，涉及多个层面的互动，各住宅小区有专人负责收集天文台发布的信息，一旦收到新的信息，就会在小区大堂及各醒目处悬挂标志。此外，天文台还与大众传媒密切配合，双方互通信息，因此，电视、广播和本地新闻网络都会更新天气状况。

地方政府在突发自然灾害的预警机制与应急管理中，要进一步整合社会资源，充分发挥非政府组织的作用，同时要拓宽参与渠道，提升预警应急的整体水平。

首先，要推动非政府组织的发展。应通过税收减免等政策引导，营造非政府组织的发展环境，积极培育和发展预警应急类非政府组织并发挥其补充作用，减轻城市政府的应急压力。

其次，社会各界要与政府应急机构建立良好的互动合作机制。红十字会、各基金会、各类志愿者组织、防灾减灾专业公司等非政府组织应与政府应急机构保持密切联系，通过日常演练配合专业救援力量，服从应急救援的协调调度，一旦有需要，就积极参与应急工作。

近年来，四川省都江堰市在救灾实践中积极动员社会力量参与其中，一方面通过乡镇（街道）党委牵头，村（社区）党组织负责，自治组织安排落实的整合方案，形成灾害预警的"巡查员＋党组织＋领导小组＋专家组"联动模式，实现动态掌握险情，提前发出预警。另一方面在救灾过程中广泛应用志愿者队伍、社会工作者队伍等为主体的社会组织，在安置点群众情绪的疏导、心理健康支持等方面也做了大量工作，充实了工作力量。

4.1.5 基层社会的应急能力是做好应急工作的基础

应急预案，是针对可能发生的重大事件或灾害，为保证迅速、有序、有效地开展应急与救援行动、降低事故损失而预先制定的有关计划或者方案。应急预案应明确回答在突发公共事件发生之前，发生过程中以及结束之后，应对突发公共事件的工作由谁做、做什么、何时做、怎么做、有多少资源可以调用以及采取怎样的应对策略等诸多问题。它一般应建立在综合防灾规划上。其关键要素包括：完善的应急组织管理指挥系统；强有力的应急工程救援保障体系；综合协调、应对自如的相互支持系统；充分备灾的保障供应体系；体现综合救援的应急队伍等。

地震灾害救灾工作千头万绪，涉及部门很多，合理编制地震灾害应急预案，能够极大降低地震灾害发生时的混乱，调动社会力量迅速救灾，并且可以降低错误决策的概率。

在整个防震减灾过程尤其是备灾、抗灾和救灾过程中，应急预案起着重要作用。在灾害发生之前，预案不仅使参与救灾活动的决策者、组织者和执行者对有关灾害情况有所了解，而且使各种救灾措施都能按照预案有步骤、有针对性甚至提前进行。预案为参与救灾活动的各级决策者、组织者和执行者提供具有法规效用的操作规则和依据，从而有效及时地实施救灾，预案可以使各项救灾工作逐步规范化、制度化、科学化，最大限度地减轻自然灾害的影响和损失。

《中华人民共和国防震减灾法》第四十七条规定，地震应急预案内容应包括：组织指挥体系及其职责，预防和预警机制，处置程序，应急响应和应急保障措施。还规定，地震应急预案应当根据实际情况适时修订。

地震应急预案应当具有具体性、制度性和可操作性。它是在分析评估潜在的地震危害、事件后果及其影响程度的基础上，对社区机构的职能、人员配置、教育培训、技能演练、设施装备、物资保障、救援行动、指挥协调等方面做出的具体安排。它涵括预防、处置、救援和演练四个要素：

预防——充分重视地震事件对社会的影响，分析影响后果，采取有效措施防止或降低灾害发生的可能性。

处置——对已发生的灾害有应急处置程序和方法，能进行快速处置或进行有效控制，防止蔓延，甚至将灾害消除在萌芽状态。

救援——采用预定的现场抢险救援方法，控制或减少灾害损失。

演练——定期的演练有助于熟悉应急预案，掌握应急行动规程，完善应急预案，提高应急能力。

自 2006 年《国家地震应急预案》颁布以来，从中央到地方，从各级地震局到各企事业单位，条块结合、管理规范的地震应急预案陆续颁布，我国的地震应急预案体系基本形成。包括政府预案序列、政府部门预案序列、企事业单位及基层社会组织预案序列。

"有备未必无患，无备必定有患"。应急预案就是将"无备"转变为"有备"，鉴于此，国务院在组织地震应急预案编制过程中，从明确目的、要求，到成立编制机构完成编制、再到督促指导，工作流程十分细致缜密。同时，国务院办公厅为规范应急预案的编制工作，专门制定出台了《应急预案编制指南》，为应急预案的制定提出了要求，即要求做到"纵向到底、横向到边"，纵向贯穿各级行政和管理层次，横向覆盖行政和社会各个层面。在国务院的直接领导和精心指导下，经过多年的实践努力，应急预案之网基本形成。

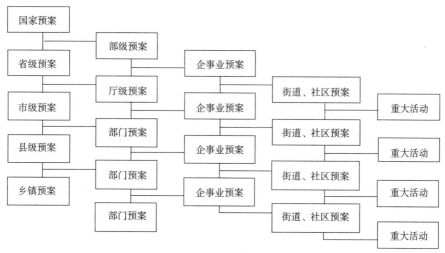

我国地震应急预案体系

（纵向为五级政府，横向为五类主体）

但是，我国的地震应急预案体系整体发展不平衡。尤其是乡镇级地震应急预案和基层社会预案建设非常薄弱。在预案体系的纵向上，我国基本建立了国家、省、市、县四级政府预案，而乡镇级政府预案严重缺失。在预案体系的横向上，我国社会基层组织的预案建设远不完善。

实践证明，突发事件的第一现场通常在基层，基层社会的应急能力是全部应急工作的基础。基层社会是地震突发事件信息报告的责任主体，来自灾害现场的信息是准确判断灾害级别的重要因素，直接影响应急指挥决策。基层社会是灾害先期处置工作主体，地震灾害的突发性要求基层社会必须就地开展自救和互救，要配合政府、部门现场救援的现场取证、道路引领、后勤保障、秩序维护工作。因此构建乡镇、街道、社区等基层社会组织的地震应急预案，完善我国"横向到边，纵向到底"的预案体系，提高基层社会处置突发事件的能力意义重大。

为了做好群测群防工作，乡镇人民政府和街道办事处应当积极配合地震部门，指导村民、居民做好家庭地震应急准备工作，制定家庭地震应急预案和疏散方案，明确群众应急疏散场地并设置标识，组织群众开展地震应急演练；普通民众也应该积极支持和参与相关工作，这样，才能确保破坏性地震突发时应急处置工作能够协调、有序、高效进行，最大程度地减少人员伤亡、减轻经济损失和社会影响。

4.1.6　农村有效开展自救互救行动必须克服的问题

近年来，农村应急管理需求不断攀升，但农村应急管理体系普遍面临力量不足问题。我国农村应急队伍严重缺乏，农民应急意识更加薄弱。当遇到意外事故时，农民普遍面临救助不及时、不会自救等问题。加强农村专业应急管理队伍的建设，扩充救援队伍，加大应急知识宣传，让受灾农民在面对灾难时可以及时得到救助，有效的减小伤亡率。

由于农村基础设施建设和综合减灾组织管理水平较低，在灾害和事故面前要比城市更加脆弱，增强群众的防灾减灾意识，提高广大农民科学应对灾害和事故的能力，是保障人民群众生命财产安全和农村社会经济可持续发展的一项重要工作，是推进社会主义新农村建设、构建和谐社会的有力保障。

农村地区的房屋建筑多为土木或砖木结构，倒塌后不至于直接把人压死，这使得被埋压的农村居民往往有更多的逃生机会，所以会有不少农村灾民会出于求生的本能而自救成功。

农村灾民中的幸存者出于亲缘的本能，往往会主动实施互救，而且是不惜一切代价优先面向家庭成员。如对玉树地震后第 1 天灾民的自救互救行动调查显示，47% 的人会首先主动去寻找家人。幸存灾民也会积极救助亲友，如调查显示 33% 的人会优先帮助救助邻居和临近的人。

个体出于人性本能而主动实施的自救互救同时也是埋压人员获救的主要途径。然而，农村有效开展自救互救行动是存在一些亟待解决的问题的。

农村地震发生后，不可避免造成人员伤亡，被埋压的灾民中也确实有部分伤员需要专门工具才能解救，但因自救互救效果不佳，还有大量该获救的灾民未能被及时成功解救，如从汶川地震埋压人员获救方式来看，埋压人员中 63% 的人未被成功解救。这与农民抗灾教育缺失导致个体自救互救能力低下有非常重要的关系。

中国和日本同为世界上地震多发国家，但中国是地震灾害最严重的国家，究其原因就是中国公众的抗震素质普遍不高所致。加之受城乡二元体制的影响，我国农村居民的灾害风险意识更为薄弱，从而导致自救互救能力普遍较差，也就导致当地震发生后即使幸存者有强烈自救互救意愿，也因不知道基本逃生常识和救治方法而出现或盲目逃生，或被动等待救援现象，如有村民因地震感觉摇晃而去靠墙站稳却被墙体压倒，再如救援被埋压伤员时，不懂救治常识造成二次伤害或不知如何施救而错失救援良机。

农民抗震素质不高，有其自身原因，如农民片面追求经济生活，对各种灾害重视不够。但更深层次的原因是相关部门未能主动引导农民意识到亟需提高抗震素质的问题，未能教育农民如何提高自救互救能力，未能为农民提高自救互救能力提供长效运行平台，最终导致农民自救互救能力不强。

要建设不同类型农村的自救互救能力，就要根据农村类型的特点，对症下药。首先要加大宣传教育培训力度。以政府的行政权威推行宣传教育工作的落实。当然，政府也不用事必躬亲，可以为媒体、第三部门等主体营造准入环境，积极引导多元行动主体共同参与农村自救互救能力建设，如引导多种形式的媒体积极宣传自救互救知识，还可以鼓励志愿组织发挥专业特长为农村提供教育帮扶服务。

最后要加强农村自救互救能力建设的保障。尤其是提供规范和标准。提高农村自救互救能力需要政府在宣传教育、培训演练等方面提供标准规范和专业指导。由国家专业部门统一编制相关宣传教育材料，为农村的普及宣教工作提供参照。针对农村，不断举办各种形式的宣传普及活动和应急管理教育培训课程。还要指导农村制定自然灾害的应急演练方案并评估演练效果，为提高农村自救互救能力提供智力支持，逐步引导农村自救互救能力提升工作步入常规化状态。

4.2 全民动员、共同参与地震应急工作

4.2.1 提高居民的自救和互救能力非常重要

地震灾害具有很强的瞬间突发性。但是，再大的地震，直接被砸死的只是一部分人，顷刻间坍塌下来的废墟里，总还有存活的生命。因为废墟中总有断墙残壁，或没有完全砸碎的结实家具与比较大的预制板，或其他构件，组成一些支撑起来的相对安全空间，可以让幸存者存活下来。例如，有人在唐山地震现场考察估计，地震瞬间被压埋了63万多人，最后公布的死亡人数为24.2万多人。因此，我们可以推测，被压埋的人中约有60%得救了。

地震发生后往往导致通讯中断和道路损毁，外界救援力量难以在第一时间到达灾区，形成外援真空。

多次抗震救灾事实表明，震后被压埋群众的抢救工作，绝大部分还是依靠群众的自救和互救完成的。因为专业救援队伍人数有限，且达到地震现场需要一定的时间，因此，发挥的作用有限。根据有关资料，在2008年的四川汶川8.0级地震救援行动中，国家救援队派出195名队员实施18天救援行动，成功营救出49名幸存者；在

2010 年青海玉树 7.1 级地震救援行动中，国家救援队派出 60 名队员奋战 14 天，成功营救出 7 名幸存者。

对汶川地震部分埋压人员获救方式的调查结果显示：7% 的人是通过自救逃生，18% 通过家人或亲友、5% 通过邻居解救逃生，而专业救援队伍和军队只解救出 4% 的人。

相比之下，自救和互救的作用要大很多。1966 年 3 月 8 日邢台地震时，452 个村庄的 90% 以上房屋倒塌，有 20.8 万人被压埋在废墟中。震后，灾区群众广泛开展自救、互救工作，震后仅 3 个小时，就有 20 万人从废墟中被救出。无疑，广泛进行宣传、培训和抗震防灾演习，可使广大民众了解、掌握自救、互救的要求和技巧，这必将大大减少地震中的伤亡人数。

许多地震救援现场的经验说明，救出来的时间越早，被救幸存者存活的可能性越大。有专家根据几次地震救援记录，得到如下图所示的被救人的存活率随时间衰减的关系。

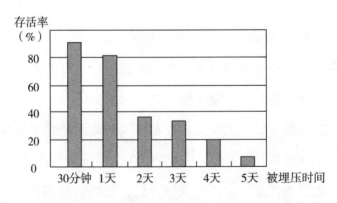

被埋压者救出时间与存活率的关系

从上图可以看出，地震发生的第 1 天被救出的幸存者 80% 以上可能活下来；如果在震后半小时内获救，存活率可超过 90%；第 2、3 天救出来，还有 30% 以上的存活可能性；第 4 天存活率已不到 20%；第 5 天，只有百分之几的存活率了。越往后，存活率越低。一周以后，被挖出来，经抢救，也有奇迹般活下来的。但是，是极个别现象。

这些统计数据和事例说明，首先，强震发生后的紧急救援应该是越快越好，抢救生命的主要任务应该在前几天完成。其次，尽最大的努力，精心抢救，后几天也可能有希望出现奇迹，再救活个别人。自然，紧急救援最好由社区内的人员来实施。

居民的自救互救能力非常重要

社区，是居住于一定地域的具有归属感、守望相助的人们组成的活动区域。我国城市社区，一般是指居民委员会辖区。作为社会管理与建设的基础，社区是防灾减灾机制的基本单元。

灾害发生时，往往导致道路中断等情况，社区常常等不及外来救援，而时间就是生命。社区要具备自救和自保的防灾功能，在灾后的第一时间，受灾者能够依靠自己的能力生存，并把居民转移到安全的地方去。这就要建立起相对独立运作的区域型防灾体系，包括设立社区紧急避难场所和医疗救护基地，有简单的应急物资储备，能够自己运作起来，以赢得黄金救援时间，最大限度避免人员伤亡。不同社区之间，也要建立安全协调机制，提高自救和互救的能力。

如果地震发生在云南、四川等省份地形复杂交通不便的农村地区，更不利于外界救援力量快速进入灾区。即使外界救援介入，由于救援队伍有限，也不可能快速全面覆盖灾区，这无疑使部分灾区的外界救援真空时段拉长。而研究表明，破坏性地震发生后，救援时间越长救活率越低。因此，农村受灾地区必须在第一时间展开自救互救，充分利用好黄金救援时间，避免被动等待外援。

外界救援力量到达农村受灾地区后，要面临繁重的救灾任务。农村震害的自救互救行动减轻了外界救援力量的工作压力。

地震发生后，受灾村民通过自救互救及时解救了部分埋压人员，大大缓解了外界力量介入后的救援救治难度，减轻外界力量救援负担。在自救互救的过程中，即使救援行动未能成功实施，也能使得施救人员客观掌握埋压人员的埋压位置、埋压情况等信息，为外界救援力量提供现场救援所需信息，提高救援效率。

4.2.2 防震减灾志愿者在应急救援中能发挥重要作用

破坏性地震的发生是突发性的紧急事件，一次地震最终可能造成震害的严重程度，不仅仅限于地震造成的直接破坏，而且与人们在震后的反应状况有很大关系。在突发地震灾害面前，社会的平静瞬间被打破，人们处于人人自危、惊慌无助的状态，极易引起社会混乱。此时，需要政府部门迅速做出反应，开展应急救助工作，有效控制地震造成的混乱状态，按照灾害的紧迫程度确定救灾的时序，保证救灾工作高效、有序地进行。

国外应急救援工作中有很多值得我们学习借鉴的经验，尤其是动员全社会的力量方面。比如，美国就特别注重建立民间社区灾难联防体系，通过各种措施吸纳民间社区参与危机管理。一是制定各级救灾组织、指挥体系、作业标准流程及质量要求与奖惩规定，并善用民间组织及社区救灾力量；二是实施民间人力的调度，通过广播呼吁民间的土木技师、结构技师、建筑师、医师护士等专业人士投入到第一线的救灾工作中；三是动员民间慈善团体参与赈灾工作，结合民间资源力量，成立民间赈灾联盟；四是动员民间宗教组织，由基层民政系统邀集地方教堂、寺庙的领导人成立服务小组，有效调查灾民需求，并建立发放物资的渠道。

在我国，政府在提供救援（有学者称之为"公救"）的同时，更要鼓励民众积极开展自救与互救。

自救是灾民个人利用自身的精神、毅力、智慧、体力和物资等的自我救援活动。主要包括自身从地震废墟中逃生，利用携带的或拾荒得到的物资充饥、御寒和搭建简易窝棚等。

平时，民众应树立自救理念。一旦发生重大地震灾害并被埋压在废墟中，宜沉着和冷静，设法自救。

自救是面临死亡威胁寻求逃生的一条重要途径。统计数据表明：从地震废墟中脱险的人群中，自救的百分比较高，一般超过 1 /3，日本阪神地震高达 80%。被埋压在地震废墟中的灾民，应积极自救逃生。难以逃生且生存空间随余震可能缩小的被埋压者，应采用废墟碎块支撑的方法减少生存空间缩小，耐心等待互救和公救。

"近距离效应"和"短时间效应"是提高被埋压者逃生效率的重要因素。通过自救和互救（自身、家族、邻居与友人和过路人）的逃生率很高。自救者是震后被埋压者中的生存者，且未受伤或伤势较轻有逃生体力、有强烈的逃生意识与欲望，能够在生存期的较短时间内从地震废墟中逃出。自救逃生后就近扒救被埋压的家庭人员。邻居之间比邻而居，也可产生明显的"近距离效应"和"短时间效应"。

灾民自救既对自己的生命负责，也对家庭社会负责。平时，应为自救创造条件。储备灾时家庭生活必需的食品、饮用水、应急药品以及其他生活用品；固定室内的家具和电器，防止因震翻倒、移动和落下，减少由此引起的人员伤亡，并为被埋压者创造较大的生存空间；灾害管理部门应定期或不定期地为当地居民开展防震减灾培训、演习，普及基础知识，提高应急救援技能。

互救是灾民与灾民之间，或者非灾民与灾民之间的救援行为。

通常，互救具有地域性，扒救地震废墟中的灾民尤显这种特性。例如：邢台地震时，20余万人埋压在废墟中，通过人人、户户（邻居）、村村（邻村）和县县（县的交界处村庄）的自救与互救，震后最初的3小时内，被埋压的灾民大部份脱险。

在应急救援阶段，互救者往往是家庭成员、左邻右舍的居民、本乡本土的乡亲以及途经该地域的路人。

互救的内容相当广泛，例如：救援生活必需品（饮用水、食品和衣物等），看护重伤员和灾害弱者，保卫重要部门，传递灾情信息等。

近年来，防震减灾志愿者队伍建设工作也受到越来越多的社会各界人士的关注。防震减灾工作是为防御和减轻地震灾害而进行的一系列活动。这项工作除具有很强的任务性、探索性和社会性外，还具有很强的地方性和群众性。"国家鼓励、引导志愿者参加防震减灾活动"，这是几十年防震减灾工作实践中得出的宝贵经验。目前，全国绝大多数地方和行业都在防震减灾志愿者队伍建设工作方面进行了积极尝试，并取得了一定的成绩。志愿者进入灾区后，可极大地增加互救的人力资源与物力资源。

在互救的过程中，也可进行多级有组织的救援。尤其是在农村，在外界救援力量不能第一时间到达灾区的情况下，乡镇政府在组织当地受灾村民救援行动中可发挥重要作用，且救援行动不仅仅局限于解救埋压伤员，还可包括灾民的临时安置、物资的集中使用和向外界求援等问题。如汶川地震发生后，绵竹市清平乡变成了一个孤岛，乡党委、政府迅速收集使用救灾物资，组织群众边积极向外界发出求助信号边先行展开救援、安置活动。

基层村干部组织村民的救援行动也非常重要。历次地震中，农村受灾地区大多数村干部出于职责驱动，都能在第一时间组织村内有生力量，协助抢救埋压伤员并带领村民临时安置。

地震灾害发生后，灾民自发组织起来，展开互救行动也可在震害救援中发挥重要作用。

公救是救援组织指挥下的救援活动，属党、政、军有组织的救援行为。新中国成立后，我国重大地震灾害的公救都是在党中央、国务院和中央军委领导下展开的。首先成立各级抗震救灾组织机构，指挥救援。这是重大地震灾害能够举全国之力、全军之力快速、有效和准确救援的组织保障。公救速度、力度与准确性，是我国多年来抗震救援经验的积累，也是社会主义优越性在防震减灾领域的重要体现。

公救是"三救"的重要组成部分。在应急救援阶段，公救相对于自救和互救时间上有滞后性与融合性。如果公救迟缓和无力，必然加剧灾情，甚至引发次生灾害，形成灾种更多和灾情更重的地震复合灾害。公救是取得抗震救灾胜利的关键性救援方式。为了提高救援效果，要求公救时间快速，力度适宜，灾情情报准确，资源配置合理。在协助公救有效开展行动方面，志愿者可以发挥积极的作用。

快速使公救的救援资源在震后较短的时间内到达重灾区，可尽快发挥公救的救援时效与效果。公救与自救和互救融合的时间越早，三者的综合救援效果越明显。力度适宜使公救的资源满足救援需求，力求供需平衡。为提高灾害情报的准确性，要求通过多种途径，利用现代高新技术和侦察手段获取灾害情报——通过志愿者收集各类信息也是一种非常重要的途径，并依此准确判断灾区（重灾区、轻灾区和非灾区）与各类灾区的实际灾情与救援资源的实际需求，科学部署救援力量。

自救、互救和公救三种方式之间相互接续与融合，互相影响与配合，方可产生应急救援的综合效果。从总体上看，自救、互救和公救缺一不可。

从"三救"产生的时间顺序上看，通常是先自救，再互救，然后是公救，这就是时间接续性。此外，"三救"还有融合性，也就是说，自救、互救与公救，自救与互救，自救与公救，互救与公救，不同的救援方式同时进行。

防震减灾志愿者是连接自救、互救和公救的重要纽带，志愿者队伍的作用发挥得好，才能产生理想的应急救援综合效果。

4.2.3　依法推进防震减灾志愿者队伍建设

在突如其来的灾难面前，包括政府在内的任何一个公共组织的力量总是有限的，它无法单独满足应对灾难的所有需求。因此，有效地整合社会资源，充分发挥各种社会力量的能动性，是对紧急状态下专业应急救援队伍的及时补充，志愿者和志愿者组织就起到这样的作用。

当前，防震减灾已成为国家公共安全的重要组成部分。保护人民生命和财产安全、维护社会稳定、减轻地震灾害损失，是防震减灾工作的宗旨，体现了以人为本、落实科学发展观、建设和谐社会的必然要求。作为一项重要的社会系统工程，要实现最大限度地减轻地震灾害所造成的损失，防震减灾工作必须依靠科技、依靠法制、依靠全社会的共同参与，组建防震减灾志愿者队伍正是满足依靠全社会参与的重要举措之一。

我国在 2007 年印发的《国家综合减灾十一五规划》中就已经提出，要在 85% 的城乡社区建立减灾救灾志愿者队伍、研究制订减灾志愿服务的指导意见，全面提高减灾志愿者的减灾知识和技能，促进减灾志愿者队伍的发展和壮大。党的十七大报告中明确提出："要完善社会志愿服务体系"。十八大报告中也提出，要"深化群众性精神文明创建活动，广泛开展志愿服务"，这些要求使我国很多地方把志愿服务工作放在党政大局和经济社会发展全局当中考虑、把握，极大促进了志愿者队伍和志愿服务工作的发展。

目前，我国的相关法律法规已明确提出要建立、健全防震减灾志愿者队伍。例如，《中华人民共和国突发事件应对法》第二十六条规定："县级以上人民政府及其有关部门可以建立由成年志愿者组成的应急救援队伍"。《国务院关于全面加强应急管理工作的意见》（国发〔2006〕24 号）提出要求："研究制订动员和鼓励志愿者参与应急救援工作的办法，加强对志愿者队伍的招募、组织和培训"。《中华人民共和国防震减灾法》第八条规定："任何单位和个人都有开展防震减灾活动的义务。国家鼓励、引导社会组织和个人开展地震群测群防活动，对地震进行监测和预报。国家鼓励、引导志愿者参加防震减灾活动"。第五十六条规定："县级以上地方人民政府及其有关部门可以建立地震灾害救援志愿者队伍，并组织开展地震应急救援知识培训和演练，使志愿者掌握必要的地震应急救援技能，增强地震灾害应急救援能力。"

近些年来，我国防震减灾志愿者队伍蓬勃发展，通过青年志愿者等有组织的行动，壮大社会救援力量，达到最大限度地减轻地震灾害的目的。其中既有地震组织团体的志愿者，也有个体志愿者；既有工人、农民，也有商人、学生；既有地震科技工作者，也有医疗工作者，他们在地震科普知识宣传、地震前兆观测、应急救援等工作中能够各尽其能，发挥显著的作用。防震减灾志愿队伍的建立和发展，扩大了防震减灾工作在全社会的影响，拓展了地震群测群防工作的内容。

防震减灾志愿者队伍是防震减灾队伍、尤其是专业救灾力量的补充，有利于最大限度地发挥减灾救灾能力。该队伍依靠社区基层组织和群众自我管理和运转，具备一定的专业知识和技能，配备一定的装备，志愿者是业余或兼职的。

广大社会公众关注地震应急与救援，地震灾区的社会公众是地震应急与救援的直接对象，社会公众又是地震应急与救援工作的重要组成部分。在地震灾害现场，地震应急与救援工作的第一个行动就是自救互救，现场的社会公众直接参与。实践告诉我们，大规模灾难中的生命抢救主要是靠自救互救完成的。即使专业现场工作队和紧急救援队到达现场实施应急与救援工作，也离不开灾区公众的支持和帮助。

2008 年 5 月 12 日，汶川发生 8.0 级地震造成巨大的人员伤亡和财产损失，这是新中国成立以来破坏性最强、涉及范围最广、救灾难度最大的一次地震灾害，也对我国防震减灾工作带来了深远的影响。

在汶川地震救援的过程中志愿者组织发挥了特别重要的作用，形成了政府主导，全社会参与的局面。

大地震发生以后，身处震中的共青团汶川县委成立 4 个救助站、5 个志愿者服务点，安抚惊慌的群众，平息混乱的局面，并马上组织年轻人协助县医院的医务人员抢救药品，转移伤员，为数万名灾区群众提供了及时有效的援助。地震发生的第 2 天，即 2008 年 5 月 13 日，共青团汶川县委就组建了"汶川县抗震救灾青年突击队"，并迅速成立志愿者服务指挥办公室，先后设立雁门救助志愿服务站、绵池救助志愿服务站、威州城区救助志愿服务站、民政局救助志愿服务站。截至 5 月 21 日，4 个救助站共救助 2 万多人次，发放物资数百吨，有力地配合了汶川县抗震救灾指挥部开展工作。共青团汶川县委组建的青年突击队巡回车志愿者服务点，负责到灾区各个乡镇搜救生还者，以及对公路沿线灾民和各种情况的处置；桑坪游客疏散志愿服务点，负责协助县指挥部疏散游客，让外来游客尽快平安返家；车站维护秩序志愿者服务点，负责协助县指挥部帮助外地务工人员能够早日平安回家；德惠超市物资发放点，负责协助县指挥部，在最短的时间内，把各种救灾物资有序地发放到灾民手中。另外，还成立了流浪人群收容所，负责解决流离失所的群众的食宿。

地震发生后，中国青年志愿者协会要求各级志愿者组织迅速行动起来，动员和组织广大青年志愿者以及社会公众以志愿服务形式投身抗震救灾工作。上海青年志愿者协会公开招募具有医疗、护理、疾控等相关专业知识的抗震救灾青年志愿者服务队（预备队）队员奔赴抗震救灾一线提供志愿服务。辽宁青年志愿者协会面向全省公开招募医疗行业的青年医生、青年医疗工作志愿者，组建抗震救灾青年医疗志愿服务预备队。山西省青年志愿者协会面向社会公开招募志愿者开展抗震减灾"黄丝带行动"……在 2008 年汶川大地震发生后，应急救援工作从中央到地方政令畅通、步调一致。动员和组织各方力量，形成强大合力，用最短的时间调集了人民解放军、武警部队 13.9 万多人；公安、消防和特警 2.8 万多人；全国 21 个地震灾害紧急救援队 5200 多人；民兵预备役人员 7.56 万人；医疗卫生人员 9.68 万人迅速投入地震灾区救援。同时，还有 20 多万志愿者和 4 支国外救援队，从四面八方赶赴灾区参加抗震救灾。

特别值得一提的是，防震减灾志愿者几乎参加了汶川地震灾区所有类型的服务，为有效减少地震灾害可能造成的人员伤亡和财产损失做出了重要贡献。他们的工作和作用主要表现在如下几个方面：

（1）参与救援服务。在汶川地震救援中，众多的志愿者组织以其灵活的形式对震灾做出了迅速的反应，与灾区社会公众积极开展自救与互助，受灾较轻地区的民众为重灾区免费送水送饭。有的人甚至刚走出废墟，就又加入了志愿者的行列。最早进入都江堰、汶川、北川、绵竹的志愿者，及时帮助发掘被掩埋人员、帮助被救人员撤离现场，保障他们的安全。

（2）参与伤病员医治。由于大量灾区群众受伤，志愿者协助医生、护士就地包扎、简单治疗并协助送往医院。德阳市团委震后立即组织四川省警官职业学院100名志愿者、四川建筑职业技术学院130名志愿者和招募的百余名志愿者，到德阳市人民医院参加抢救治疗、分流转运、心理疏导及干预等工作。志愿者初期护理的伤病员、救助的重伤员和轻伤员达到数万人。

（3）参与清理现场。救援之后清理废墟现场的工作任务非常繁重，志愿者不怕脏、累、苦，与当地群众一起迅速清理，恢复生活秩序。

（4）参与安置受灾群众，参与灾区群众文化生活服务。由于受灾群众的数量巨大，外来志愿者与当地志愿者合作，为群众搭建帐篷，派发生活用品，解决各种困难。

针对大量灾民聚集帐篷区缺乏正常工作、缺乏精神生活的状况，志愿者及时到成都购置大量书籍、玩具，供帐篷区的大人阅读、小孩玩耍，满足了其部分精神需求。

（5）参与救灾物资运送，参与整理捐款捐物。有些志愿者从所在省市购置救灾物资，随车运送到灾区，并留在当地服务。

大批志愿者参加了募捐志愿服务，许多中小学生也上街为红十字会、慈善总会、希望工程募捐，资助四川灾区的群众及学生。

（6）参与心理救助与辅导。针对灾区群众的惨痛经历，多个省市派出心理学家、心理咨询师、心理专业大学生组成的服务队。北京、河南等地志愿者组织了灾后心理援助系列活动，携手灾区人民，共建精神家园，提供咨询、辅导、沟通，产生了一定的效果。

（7）参与灾区服务需求调查研究。中国社会工作者协会志愿者委员会和广东省青年志愿者协会借鉴国际经验，派出志愿服务专家队伍，及时收集灾区群众的服务需求，为灾后志愿服务的有效开展提供科学依据。

4.2.4 志愿者可参与的主要防震减灾工作内容

结合 2008 年四川汶川 8.0 级地震的应急救援经验，在《社区志愿者地震应急与救援工作指南》（GBT 23648-2009）中，对防震减灾志愿者的工作内容规定的比较详细和具体。这些内容，既不仅限于"社区志愿者"，也不仅限于"地震应急与救援工作"，而是适用于所有防震减灾志愿者的全部工作内容。主要包括如下几个方面：

（1）防震减灾知识宣传。

防震减灾志愿者应协助社区或有关部门向居民宣传防震减灾知识，内容主要包括：地震科普知识；国家有关防震减灾的方针、政策和法律、法规；国家有关的标准和技术规范；防震常识；地震应急预案知识；地震灾情速报知识；应急避险、疏散与自救互救知识；地震谣言的识别知识。

（2）地震应急救援。

在外部救援力量未抵达之前，防震减灾志愿者应协助社区组织居民自救互救，主要工作包括：组织指导居民自救互救；对被困、被压埋的幸存者实施搜索、营救和急救。

在外部救援力量抵达之后，防震减灾志愿者应协助专业救援人员开展应急救援工作。主要内容包括：充当专业救援人员的向导、翻译；帮助救援人员确定压埋人员的可能位置，安定压埋人员的情绪；清理外围环境，稳定被压埋人员家属的情绪，为专业救援人员营救创造有利条件；护理和搬运伤员。

（3）灾情搜集和速报。

震后，防震减灾志愿者应协助社区开展灾情的搜集和速报工作，主要包括：人员的伤亡及分布等情况；建（构）筑物、重要设施设备的损毁情况，家庭财产损失，牲畜死伤情况；社会影响，包括群众情绪、安置状况、生活、交通与生产秩序等。

（4）次生灾害防范和处置。

平时，防震减灾志愿者应协助社区做好次生灾害监测和防范工作，主要包括：调查并登记社区的次生灾害源，包括易燃易爆物品、化学危险品、有毒有害气体、放射性物质、工厂有毒有害工序等；对次生灾害源产权人或管理者进行宣传和动员，采取监测和防范措施。

震后，防震减灾志愿者应协助社区做好次生灾害处置相关工作，主要包括：对水坝、输变电、给排水、供气等生命线设施的破坏情况进行调查并报告；提醒、告知居民及时对家庭中的次生灾害源进行处置，尤其是帮助缺乏自理能力的高龄、残障人员和由于紧急外出避难而没有关闭的燃气和电器设备进行处置。

（5）灾民疏散和安置。

震后，防震减灾志愿者应协助社区疏散和安置灾民，主要工作包括：帮助灾民紧急疏散到安全地带；稳定灾民情绪，防止发生意外事故；搭建救灾帐篷；接收和分发食物、饮用水、衣物、药品等应急物品。

（6）维持社会秩序。

震后，防震减灾志愿者应协助社区平息谣言，稳定并维持社会秩序，主要工作包括：了解群众的反应，上报出现的恐慌情绪及谣言情况，并向群众开展解释和宣传工作，稳定群众情绪；加强治安宣传，引导群众自觉守法；配合有关部门实施社会治安临时保障措施，对生命线设施、重要单位实施监控和保卫措施。

（7）地震宏观异常现象调查和震害调查。

防震减灾志愿者震后应协助专业队伍开展地震宏观异常现象、建（构）筑物和生命线设施震害的调查。

（8）心理帮助服务。

震后，社区志愿者和地震应急与救援队员应协助社区开展心理帮助服务，主要工作包括：向居民及时真实地传递震情、灾情信息和救助的动态，宣传地震知识，帮助居民释疑解惑；陪伴遇难者家属和受伤者，做专门的一对一的心理抚慰；协助心理医生或专业社会工作者举办心理保健知识讲座、开展现场心理咨询和专门的心理抚慰服务。

4.2.5　在社区和乡村成立自己的防震减灾志愿者队伍

街道乡镇一级的政府组织作为中国行政链条中的最基层，由于处在自然灾害破坏的最前沿，其在自然灾害的应急救助方面有着难以代替的作用。自然灾害救助的关键在于速度，而街道乡镇一级的政府基层组织本身处在自然灾害的现场，在应急速度方面具有无可比拟的优势。此外，无论是组织群众搞生产自救，还是安排群众生活，发粮放物，重建家园，都要依靠社区或农村基层组织去实施。

可以说，增强基层的救灾能力，对于整个救灾大局是至关重要的。在自然灾害法律体系比较完备的日本，其灾害救助基本法——《日本灾害对策基本法》中明确规定了市镇村的救灾职责："市镇村作为基层地方公共团体从灾害中保护本市镇村地区及本道府县居民的生命、身体和财产的安全，在相关机关和其他地方公共团体的协助下，有责任制定关于本市镇村地区的防灾计划、并以法律为依据实施之"。

为此，日本的市镇村设有防灾会议，由市镇村长担任会长，具体负责本辖区内与防灾和灾害应急处理相关的工作。

长期以来，中国的救灾体制强调的是地（市）、以上政府组织的救灾责任，基层组织的救灾功能被大大的弱化，甚至被忽视，在一般的街道乡镇基层组织并没有专门的救灾职能部门，没有单独负责救灾工作的人员，缺乏必要的救灾设施和储备。自然灾害来临之时，往往束手无策，只能等待政府的救援。

随着时代的发展，越来越多的有识之士逐渐认识到，为全面实施防震减灾社会动员，增强全民减灾意识，提高社区（包括村，为了简练，下文只提社区）应对突发灾害的快速反应能力和救助能力，社区应成立防震减灾志愿者队伍。具体可由社区地震应急工作领导小组负责地震应急志愿者队伍的建设和管理，地震部门给予指导、支持和帮助。为此，首先应做好如下几个方面的工作：

（1）明确社区防震减灾志愿者队伍的任务。

社区志愿者队伍的任务主要有：开展防震减灾知识的宣传教育，提高社区应急志愿者和社区公民防震减灾意识；协助地震工作主管部门做好专业培训，学习掌握应急抢险的基本技能，提高自救互救能力；举办宣传及演练活动，提高社区居民对防震减灾知识的了解，指导社区居民通过演练掌握一定的应急避险知识和自救互救技能；开展地震宏观异常观察，发现地震宏观异常及时报送相关地震部门；地震发生后，负责做好社区地震灾害信息的收集报送工作；根据本区域地震救灾的需要，配合专业救援队伍做好应急救援行动，做好救灾物品的发放等工作；开展多形式的社区活动，增强队伍凝聚力、培养互助友爱精神，树立防震减灾志愿者的良好形象。

（2）明确社区防震减灾志愿者的权利和义务。

社区志愿者队员的权利包括：对社区防震减灾工作提出意见、建议和批评；优先获得必需的救灾物品和装备；参与社区志愿队组织的各项活动；参加对社区志愿者队员的技能培训；工作中表现突出的志愿者有获得相应表彰和奖励的权利。

志愿者队员的义务包括：宣传地震科普知识和防震减灾知识以及自救互救知识；灾时开展灾情、民情的搜集和速报；按照要求积极参加社区救灾活动；组织灾民应急避险、自救互救、平息谣传、维持社会秩序；协助、配合专业救援队伍开展抢险、救护等工作；积极参加社区志愿者队伍组织的其他各项活动。

（3）规范社区应急志愿者产生机制。

根据居民自愿的原则，由社区居委会组织志愿队伍并实施管理，可以通过个人报名、资格审查招募防震减灾志愿者。

只要居住在本社区，身体健康，有志愿服务的热情，具有或者愿意学习地震相关知识，遵守法律、法规以及志愿服务组织的章程和其他管理制度，就可以填写一张"社区防震减灾志愿者注册申请表"，审核合格后，由注册机构向申请人发放证书，成为正式的防震减灾志愿者。

××社区防震减灾志愿者注册申请表

姓名		性别		照片
政治面貌		民族		
身高		体重		
健康状况		电话		
身份证号码				
常住地址或单位		邮政编码		
E-mail		QQ 号		
紧急联系人		联系人电话		
具备相关的救援技能				
有关救援经历				
所在单位意见				

为了提升志愿者的荣誉感和使命感，最好协助他们进行网上注册，并发放每个人"中国社区志愿者证"（此证由中国社会工作协会社区志愿者工作委员会颁发），上面有志愿者的编号以及个人信息以及志愿服务记录等。

社区要建立健全注册志愿者档案管理，促进管理工作的科学化、制度化、规范化。有条件的社区可建立网上注册管理系统。至少要建立一套社区防震减灾志愿者信息汇总表。

××社区防震减灾志愿者信息汇总表

序号	姓名	性别	常住地址或单位	联系电话	QQ或邮箱
1					
2					
3					
4					
5					
6					
7					
8					
9					
10					
11					
12					
13					
14					
15					

队伍的规模宜不低于社区常驻人口的3%。队伍应建立组织，制定章程，确定召集人，发放统一的志愿者注册证和队员证，建档管理。队伍应建立规章制度，包括岗位职责、组织纪律、考核办法、装备管理等。

（4）为志愿者队伍配备必要的装备。

有条件的社区，应为志愿者配备必要的救灾物品及装备。

社区地震应急救援志愿者应配备必要的个人装备，包括服装、安全防护用具、急救用品、照明设备等（志愿者个人装备由个人保管，定期更换）。具体建议配置见下表：

社区防震减灾志愿者个人装备表

序号	装备名称	数量	基本要求或内容
1	训练服	1~2套	迷彩服、带救援志愿者标点
2	反光马甲	1件	带救援志愿者标志
3	防护鞋、安全鞋	1~2双	防电、防水、耐酸碱、防砸、防穿刺、耐高温等
4	安全帽	1顶	玻璃钢头盔、带救援志愿者标志
5	防护手套	2副	防刺
6	防尘口罩	5~10	棉线
7	强光手电筒	1个	
8	急救包	1个	内含简单医疗用品
9	饭盒、水袋	1套	
10	背包	1个	带救援志愿者标志

防震减灾志愿者队伍还可以配备液压万向剪切钳、手动起重机组、手动破拆工具组、铁锹、撬杠、灭火器、担架、医务救助箱等简易救助工具和装备。

个人装备由个人保管，定期更换；要建立装备管理和维护保养制度；建立管理、维护档案，记明类型、数量和维护管理责任人；加强日常管理和维护，保证装备完整好用。

（5）健全社区志愿者队伍组织管理机构。

社区居委会（或区县级地震工作主管部门）对辖区内的社区愿者队伍进行统一管理。管理的主要内容有：建立完善的志愿者队伍资料及队员档案；组织防震减灾宣传教育和对志愿者队伍培训；组织志愿者队伍参加地震救灾活动；指导队伍开展适合本地区特点的相关公益宣传活动；维护志愿者的合法权益；组织志愿者参加必要的学术交流和参观访问，探索新时期社区应急工作新途径、新方法。

志愿队可设队长、副队长各一名。队长、副队长由队员公开选举或社区居委会公开选拔产生。志愿者队长负责社区志愿者队伍日常的管理和联络，同时做好与区、县级地震工作主管部门的联系，接受区、县级地震工作主管部门的指导。

志愿队内部可根据工作需要，设立不同的小组。如：宣传组、救助组、医护组、后勤保障组、通信联络组等。小组应当根据队员在年龄结构、性别、身体素质、工作性质上的不同给予合理搭配。组长由队员内部产生，负责带领组内成员共同开展队长布置的工作。

要加强对地震志愿者的组织培训与演练，每年制定培训计划，按计划组织培训工作；每年组织不少于 2 次培训，不少于 1 次地震应急与救援演练；对接受培训的志愿者建立档案。培训内容应包括：防震减灾基本知识、应急与救援知识、应急与救援技能、急救处理技能等；演练内容应包括：避震疏散演练、自救互救演练、急救处理演练、防止次生灾害演练等。只有加强对志愿者队伍的组织管理与培训，才能保障这支队伍的战斗力。

4.2.6 志愿者如何开展地震应急救援行动

《中华人民共和国防震减灾法》规定："国家鼓励、引导志愿者参加防震减灾活动。"这一规定是在实践和借鉴其他国家经验的基础上提出的。

地震多发国的日本积累了很多救援经验。日本的灾害救援主要以政府力量为主，但是民间的救援也发挥了不可估量的作用，日本"3·11"大地震后 2 个月内就有 28 万志愿者参与救灾活动，他们大部分是由民间慈善机构负责组织的，有明确的分工和纪律，很多志愿者队伍会佩戴自己团体的标识。他们的一项重要工作就是搜集灾民信息，尤其是需求方面的信息。

防震减灾志愿者是社区地震应急的骨干力量。一旦发生灾害性地震，防震减灾志愿者队伍应尽快集结到位，并立即开展行动，投入地震应急和救援工作。震后，防震减灾志愿者应收集并报告震情与灾情，通过观察附近房屋和环境情况，了解是否有房屋倒塌，是否有其他地面设施和物品遭受破坏；了解自己负责的区域内房屋受损和人员受灾情况；将观察和了解的情况向社区报告。

在收集并报告震情与灾情的同时，防震减灾志愿者应根据地震应急预案的规定，迅速到指定地点集合，分工、分片地开展搜索、营救、急救等救援行动。当所处建筑物及附近建筑物倒塌时，队员可首先进行家庭自救，就近参加邻里互救，参与和指导群众自救互救。

群众性自救互救要有组织，还要讲究方法。不应盲目图快，因而增加不应有的伤亡。要在亲属和邻里的协助下，迅速准确判断被埋人员的位置，再行施救；要根据伤员的呼喊、呻吟、敲击器物的声响及裸露在外的肢体或血迹，判定遇难人员的位置；根据房屋结构和地震发生在白天或黑夜，床铺（炕）、桌等坚实家具所处位置进行判断，通过侦听和询问，来确定被埋者的位置。

在进行救援时，应准备好小型轻便工具，如铲、铁杆、锤子、凿子、斧等。

搜索被压埋人员可采取"喊""听""看""问"等救援方法。

对倒塌或严重破坏的建（构）筑物，应重点搜索下列部位：门口、过道、墙角、家具下；楼梯下的空间；地下室和地窖；没有完全倒塌的楼板下的空间；关着且未被破坏的房门口；由家具或重型机械、预制构件支撑形成的空间。

挖掘营救时，应先用简单工具清除埋压物，营救埋压在废墟表层的幸存者；如有可能，可采用顶升、剪切、挖掘等工具，构建通道和生存空间，然后营救幸存者。

救人时，应先确定伤员的头部位置；以最快的轻巧的动作，使头部暴露，迅速清除口鼻内的灰土、暴露胸腹部。如有窒息及时施以人工呼吸。为了争取时间抢救更多的人，不宜将全部力量使用在一个伤者身上。在确定伤员的位置后，率先暴露其头和胸腹部，使其自行逃出成等待后续救援，再依次抢救其他的人。对于不能自行出来的受伤者，不要强拉硬拖，应暴露全身，查明伤情，施行急救或包扎固定，选择适当的方式搬运。对暂时无力救出的幸存者，要使废墟下面的空间保持通风，递送水和食品，寻求帮助再行施救。

营救出幸存者后，应由具有一定医疗救护技能的志愿者，根据幸存者的伤势和现场条件，及时进行人工心肺复苏、止血、包扎、固定等急救处理，然后送医院或者医疗救助点。

在实施救援时一定要注意：在未实施急救前，切勿轻易移动伤者（除非判断伤员生命垂危，必须马上抢救）；注意不要吸烟或划火柴，因为救援现场可能会有可燃气体泄漏；不可随意拔出废墟中的木料，这可能会引起再次崩塌；千万不要触摸受损的电线；在开始工作前先进行侦察，这绝不是浪费时间；在损坏的楼梯或楼层上，尽量靠墙走；假如要用手清理瓦砾，要带上手套；移除伤者附近的瓦砾时要格外小心；利用毯子、帆布或瓦楞铁皮（波纹铁）等来保护伤者，使之免受掉落的瓦砾和尘土的伤害；尽量不要接近残垣，使之保持原样，以免发生再次崩塌而破坏现有的空隙；移走瓦砾或者阻碍物的时候要当心（特别是在空隙中），以免发生再次坍塌；在废墟中使用锋利的工具时，要加倍小心；在废墟底下走过或者在它下面实施救援之前，先要用一些物体支撑加固它；由于时间和条件所限，在转移伤员之前需做必要检查，并只对那些有生命危险的伤员实施急救措施；注意伤者的保暖，以缓和灾难给其带来的冲击；抬担架经过残垣和障碍物时，要采用正确的方式。此外，要列一张已经得到紧急救助的伤员清单。

5 全民参与防震减灾科普宣传，重视抗震设防

5.1 做好全民地震科普宣传和抗震设防

5.1.1 地震科普知识宣传的重大意义

城乡居民既是灾害应急管理的对象，又是灾害应急管理得以发挥作用的主体。公众对于灾害的应急反应能力，首先表现在其应急意识的强弱上。减轻地震灾害，除了依靠地震科学技术的进步和各级政府有效行使防震减灾法定职能以外，还必须组织和动员广大群众积极参与。为此，需要普及地震知识、抗震知识、应急救助知识和技能，以提高全社会的防震减灾意识，提高民众的参与意识。公众只有具备了必要的防灾减灾知识，才可能做出有效减轻甚至避免各种伤害的行为。而各级政府和灾管部门，则担负着向公众进行防灾教育宣传、培养民众较高应急意识的重任。

实际上，随着社会的发展，世界各国都越来越重视防灾减灾方面的宣传。1989 年，联合国经济及社会理事会将每年 10 月的第 2

个星期三确定为"国际减灾日"，旨在唤起国际社会对防灾减灾工作的重视，敦促各国政府把减轻自然灾害列入经济社会发展规划。

在设立"国际减灾日"的同时，世界上许多国家也都设立本国的防灾减灾主题日，有针对性地推进本国的防灾减灾宣传教育工作。如日本将每年的9月1日定为"防灾日"，8月30日到9月5日定为"防灾周"；韩国政府自1994年起，将每年的5月25日定为"防灾日"；印度洋海啸以后，泰国和马来西亚将每年的12月26日确定为"国家防灾日"；2005年10月8日，巴基斯坦发生7.6级地震后，巴基斯坦政府将每年10月8日定为"地震纪念日"等。

2008年5月12日，我国四川汶川发生8.0级特大地震，损失影响之大，举世震惊。随后，这一天被设立为我国的"防灾减灾日"。通过设立"防灾减灾日"，定期举办全国性的防灾减灾宣传教育活动，有利于进一步唤起社会各界对防灾减灾工作的高度关注，增强全社会防灾减灾意识，普及推广全民防灾减灾知识和避灾自救技能，提高各级综合减灾能力，最大限度地减轻自然灾害的损失。

我国是世界上自然灾害最为严重的国家之一，灾害种类多、分布地域广、发生频率高、造成损失重。在全球气候变化和我国经济社会快速发展的背景下，近年来，我国自然灾害损失不断增加，重大自然灾害乃至巨灾时有发生，我国面临的自然灾害形势严峻复杂，灾害风险进一步加剧。在这种背景下，设立"防灾减灾日"，是很有必要的。

地震和地震预报具有强烈的社会性，社会各阶层、不同岗位的人员都想通过各种途径得到地震消息，每个社会成员都自觉或不自觉地对地震和地震预报采取着某种行动，正确的社会行动（包括个人行动）从哪里来？主要靠地震知识宣传和有力的组织。因此，地震知识宣传是防震减灾工作的经常性任务之一。

在防灾教育方面，很多国家的经验值得我们借鉴。

日本的防灾教育几乎是终身的，在很大程度上可以说"没有死角"，学校、企业、政府机关等一般都要求有应对地震的自救教育与训练，而且以制度形式确定下来。即使在居家生活中，日本人也已经通过教育养成了一些非常良好的防震减灾习惯：家里的高柜子都会安装固定装置，书柜和衣柜一般在顶端都有将其固定在墙上的设施，绝对不在床头放重的东西……正是因为有了这些好的习惯，日本人在应对大地震的时候才能表现出普遍的冷静和秩序井然。

地处南亚的孟加拉国是一个自然灾害频繁的国家，饱受洪水、飓风和热带风暴的煎熬，还面临地震和海啸的潜在威胁。自然因素加之社会经济发展缓慢等人为因素，使得孟加拉国的大部分人口时常暴露于危险之中。在各种灾害中，儿童所受的伤害最为严重。为了使儿童了解自然灾害，掌握应对自然灾害的措施，尽可能地降低因自然灾害所带来的损失与风险，孟加拉国提出了"了解灾害＝化解灾害"的减灾教育口号。他们根据当地的实际情况设计了首套用孟加拉文写成的儿童减灾学习手册，帮助学生了解自然灾害，学习如何采取有效的减灾手段，并通过学生将这套学习手册推广到整个社区当中，使更多的人能够了解灾害，并学会应对自然灾害的技能。

孟加拉国的减灾教育计划收到了很好的效果，当地一位教师说：

"学习的过程有利于在每一个社区形成一个'知识库'，有利于形成一种分享知识、分享实践经验的灾害预防文化。"这种做法是非常值得我们借鉴的。

防灾教育对保证国民的生命安全和社会的可持续发展具有重要意义。

当前，我国的防灾教育还十分薄弱，存在很多问题。人民日报曾经联合人民网共同组织了一次减灾问题问卷调查，调查结果不容乐观。在调查中，有37%的人从未接受过防灾、减灾教育，经常接受教育的只有4%。我国防灾、减灾的科普知识宣传不够，社会大众，特别是中小学的教师和学生都不同程度地缺少必要的避灾、自救和互救常识。比如，2005年11月26日，江西瑞昌与九江之间发生了5.7级地震，地震波及到了湖北省，导致湖北5县市受灾，造成1死81伤，其中81名伤者中78名是学生（其中多名学生受重伤），主要是在避震时拥挤、踩踏造成的。不是因地震本身，而是因地震恐慌造成的人身伤害，着实使人震惊。

我国对于广大民众的公共安全教育仍处于较零散、低层次和不健全的水平。安全教育形式仍以单一宣传为主，虽然很多城市建立了公共安全教育基地，但数量、规模相对较小，作用发挥远不能满足现实需求。市民的安全意识整体较低，面对灾难的心理承受能力较弱，多数人都缺乏基本的安全常识和应对灾难的施救技能。

防震减灾宣传教育主要解决对防震减灾的认识和意识问题，为更好的推进和落实工程性防御措施奠定思想基础，促进提高全社会的防震减灾综合能力。防震减灾宣传教育主要包括地震科普知识、地震灾害预防、地震应急与救援、防震减灾法律法规知识和防震减灾方针政策等方面的宣传。其宣传内容既涉及自然科学知识，也涉及技术科学知识，还涉及社会科学知识。这些知识是人类长期与地震灾害进行斗争的经验积累，都是人类对地震灾害发生规律的认识和实践经验的归纳和总结，对于指导人们的行为具有很强的针对性。开展防震减灾宣传教育的主要目的是增强社会民众的防震减灾意识，提高应对地震灾害事件的心理承受能力和防震避震、自救互救、自我保护能力，为防震减灾工作营造广泛的社会基础。

通过宣传增强社会民众的防震减灾意识

加强防震减灾宣传教育工作，增强公民的防灾减灾意识和能力是各级人民政府的基本职责。防震减灾宣传教育工作是预防地震灾害的非工程性防御措施，对于增强社会民众的防震减灾意识，提高社会民众应对地震灾害事件的心理承受能力和自救互救能力，显著减轻地震灾害损失程度，具有不可替代的重要作用。

防震减灾宣传教育工作是加强预防文化、安全文化建设的主要内容。防震减灾是公共安全的重要做出部分，预防文化、安全文化建设是社会文明程度的重要标志和具体体现，应当从加强社会主义文化建设的高度，充分认识做好防震减灾宣传教育工作的丰富政治内涵和文化内涵。

防震减灾宣传教育工作是各级人民政府动员社会、宣传社会积极参与防震减灾各项活动的重要形式，做好防震减灾宣传教育工作可以为防震减灾事业发展提供广泛的社会基础，争取社会民众的理解和支持。因此，将防震减灾宣传教育工作确定为各级人民政府应当认真履行的重要职责，是防震减灾宣传教育工作的性质决定的。各级地震工作主管部门必须充分认识防震减灾宣传教育工作的长期性、艰巨性和重要性，自觉坚持党对防震减灾宣传教育工作的领导，认真贯彻防震减灾宣传工作方针，推动防震减灾宣传教育更加广泛深入的开展下去，不断提高防震减灾宣传教育实效。

5.1.2　做好面向大众的防震减灾宣传活动

要想做好防震减灾宣传工作，必须坚持正确的舆论导向，把握科学的宣传内容。要贯彻"预防为主，平震结合，常备不懈"和"自力更生，艰苦奋斗，发展生产，重建家园"的防震救灾工作方针，坚持"因地制宜，因时制宜，经常持久，科学求实"的原则，主动、稳妥、科学、有效地开展防震减灾宣传工作。

按照防震减灾宣传工作职责和宣传对象不同，我国防震减灾宣传一般可分为防震减灾工作宣传和防震减灾科普知识宣传教育两大方面。两者宣传对象、内容、目的各有侧重。

防震减灾工作宣传主要由各级政府地震工作主管部门组织实施，通过向各级政府领导及社会公众宣传党和国家防震减灾方针、政策和法规制度，宣传地震监测预报、震灾预防、地震应急与救援等工作进展和水平，让各级政府及政府部门、社会各界理解、重视、支持和参与防震减灾工作，进而推进防震减灾事业的发展。

做好面向大众的防震减灾宣传活动

防震减灾科普知识宣传教育主要由各级地震部门和防震减灾助理员、社区志愿者，以及全社会的共同参与完成。主要通过普及宣传地震科学及其防、抗、救知识，增强社会公众的防震减灾意识，进而提高全体民众的防震减灾科学水平和防震减灾能力。

在平时，可考虑运用多种宣传手段进行防震减灾宣传：特定场合小范围面对面的宣传，要运用语言、姿势、表情等宣传手段；面向大众的宣传，要通过大众传播媒介，如报纸、杂志、书籍等印刷媒介和广播、电视、微信等电子媒介；理论文章、文艺演出、新闻报道也可作为宣传手段；一面旗帜，一枚徽章，一件文化衫，一个小模型……等等，都可以成为宣传手段。

尽管防震减灾宣传可以划分为各种形式和不同层次，但它们具有共同的特点：一是目的性。所有宣传者都旨在影响受众，力图使受众按宣传者的意图采取行动。二是社会性。防震减灾知识的宣传要面向社会各阶层，以求影响最大多数的受众。三是现实性。这主要表现在宣传目标、宣传材料和宣传效果等方面。没有现实的宣传目标和宣传材料，就不能获得现实的防震减灾宣传效果。四是附合性。防震减灾宣传往往依附于其他的文化传播领域。比如，新闻是宣传最易依附的手段，教育也是宣传易于依附的领域。因为教育是人的社会化基本途径。人们通过接受教育获取有关社会的和自然的各种知识，建立人生观念和价值观念。因而，高层次的防震减灾宣传活动，比如讲座等等（灌输方式）常常是最容易、最常见的宣传手段。此外，文艺也是进行防灾宣传的一种好形式，寓教于乐，动之以情，效果显著。

为了切实做好防震减灾宣传活动，要把握好如下几个关键环节：

（1）确立明确的宣传目标

宣传目标就是试图通过宣传期望给社会和人们带来的某种变化。宣传目标的设置，总是与宣传所依附的领域内容密切结合的。防震减灾宣传，就是通过一定的宣传方式或活动，使一定数量的特定人群，在某种程度上提高防震减灾意识，掌握地震监测、震害防御、应急避险、自救互救等方面的知识和技能。在设置防震减灾宣传目标的时候，要注意明确和务实，既要有一定的挑战性，确保取得显著效果；又要循序渐进，不能指望一蹴而就。对于防震减灾志愿者来说，做好本辖区内的宣传工作就是最好的目标。

（2）了解宣传对象的情况

任何宣传都须确定相应范围的受众。防震减灾宣传活动的受众范围，要根据宣传的目的和内容确定。通常从四个方面了解受众，追求宣传效益：一是了解受众的切身利益和所关心的问题，宣传的内容应与之相符；二是了解受众接受宣传的态度，对赞成、中立、反对甚至带敌意的不同受众，采用不同的宣传方式；三是了解受众所处的环境，一些对宣传持中立或反对态度的受众，在一定环境的社会压力下容易改变态度；四是了解受众接受宣传的能力和水平，如知识水平，阅读能力、理解水平等等。

（3）选择适合的宣传内容和宣传形式

宣传内容和宣传形式的选择主要考虑要有助于宣传目标的实现。宣传内容的选择通常贯彻现实性和关联性原则，给受众以科学、现实的思想和理论以及具体、生动的事实材料，否则难以达到宣传目的。

宣传内容可包括地震的基本常识，地震产生的原因、地震震级与烈度，地震时人的感觉与灾害，如何区别近震、远震、强震、有感地震，地震的空间、时间分布特征等。使群众知道地震是一种自然现象，认识和抗御地震灾害，要靠科学、而不能靠迷信，地震科学是复杂的，但是是可知的。

可包括地震孕育、发生过程中常常伴生各种地球物理和地球化学等前兆现象；这些前兆现象是可以观测、可以认识的，但也是十分复杂的，有干扰的；应用各种前兆研究可以探索地震预报，但目前尚未完全过关；地震预报意见、地震预报发布过程、发布权限等知识。使群众知道地震是有前兆的，是可以预测和预防的，但需要深入的研究。地震的一些宏观前兆人们可以直接感知，能够识别真假异常、发现异常情况及时报告给有关部门；爱护观测台站的仪器、设备和测量标志，配合与协助地震部门的工作。

还可宣传地震对地基基础的破坏，建筑物结构的破坏以及各种抗震知识和工程建设场地地震安全性评价工作。如场地地基的选择，基础抗震处理，房屋抗震结构，建筑材料的选择，施工技术等，特别要注意对因地制宜，就地取材的抗震结构设计的宣传。使人们知道，在强灾面前，我们不是束手无策，而是可以动员社会力量和群众的智慧，应用现代科学技术进行各种对策，使震灾得以避免或减轻。

同时，所选择的思想、理论和事实材料，须和受众的利益、经验及接受能力相关。宣传形式的选择取决于宣传内容和宣传对象，同时要求鲜明性和多样性。鲜明性表现在准确、生动地表达思想观点，多样性则可通过各种新鲜形式重复思想观点，以加深受众的印象与记忆。

比如，宣传地震的危害和抗震设防的重要性，可以通过播放视频的形式，展示强震发生时，不同结构房屋的破坏程度和影响因素，加深受众的印象，自觉树立科学防灾的意识。

（4）评估宣传效果

防震减灾宣传活动并非一次性的单向传播过程。因此，调查、评估宣传效果，不断调整宣传的内容、手段和宣传的步骤，分析、排除反宣传的干扰（如误解、曲解），是进行有效宣传的一项重要程序。对宣传效果的评估，可采取抽样调查的方式，随机调查访问宣传活动对受众产生的影响，倾听、观察、记录受众对宣传的反映。

5.1.3 充分认识地震谣传的危害性

2016 年 7 月 19 日 22 时 44 分，湖南省娄底市涟源市发生 3.0 级地震，震源深度 6km。地震造成涟源部分地区有感，没有造成人员伤亡和财产损失。

地震发生后，在互联网上尤其在微信平台上出现一则题为《地震警示，湖南》的信息，内容大致为："中国地震局预报：未来 2 个月内中国将发生 7 级以上地震，随着撞击大陆板块破裂，地球外壳逆转，江西、湖南等地为重点，鉴于湖南娄底 6 月 23 日已出现大规模蛤蟆迁移，龙卷风冰雹等。地震震级可在 7.3 ~ 8.0 级，初预测震点为新化和涟源地段……"

　　实际上，几年前已有类似的所谓"预测内容"流传，除地震发生点不断变化外，其余文字内容基本一致。这就是诸多地震谣传中的一个危害性不算太大的实例。

　　地震谣传有时也被称作地震谣言，是指毫无科学根据的所谓地震消息通过不正当途径进行传播。通俗地说，就是"假地震预报"。由于目前地震预报技术尚未成熟，无法准确预报地震，这就为地震谣言的产生提供了条件。特别是在破坏性大地震发生后，人们感受到地震的可怕，更容易接受谣言。地震谣传一旦发生，会借助人们对地震的无知和恐惧心理，迅速扩散蔓延，造成社会动荡，带来不应有的损失。

地震谣传一旦发生会迅速扩散蔓延

随着网络的普及，人类社会进人信息时代的高速发展时期，这对地震谣言的传播起到推波助澜的作用。近几年，尤其是汶川 8.0 级地震以来，地震谣言频繁出现，并借助于现代化信息媒体工具传播，造成了公众的恐慌，扰乱社会的正常秩序。具体地说，地震谣传的危害性主要表现在如下几个方面：

（1）造成社会的混乱

由于地震谣传传播速度快、辐射面广，给社会带来了很大危害。它会扰乱正常的经济建设和人们的生活秩序，造成学生停课、工厂停工停产，人员外流，增加了运输的紧张气氛，社会犯罪活动也随之增加。同时也会引起一些次生灾害和人员伤亡及财产的损失。如 1976 年 8 月汉中地震谣传促使了某些商品脱销，如：火柴、手电筒、食品、卫生纸等，学校停课。1980 年烟台地区不到 10 天时间，地震谣言的散布范围就达到了 13 个县市，占全市 76.2%，每个地方的人都以为自己脚下就是震中、火山口，走到哪儿也不安全，一些人吃掉了圈内的猪、宰了栏里的羊，把多年积蓄都挥霍光了，还有的变卖了家具。如栖霞县牙山脚下的小王庄王某第一个从城里把地震谣传带给自己的媳妇，他媳妇又把这一消息告诉他们兄弟 4 人，结果老三家把存款花光了，家俱也快要卖光了，闹得老三媳妇要与之离婚。

2010 年初，地震谣传事件在山西多地市重演。原因是汶川地震后西部地区多次发生中强地震。而在 1 月下旬至 2 月上旬，在山西发生几次有感地震时，地震部门回复公众咨询时称："本地区不会发生破坏性地震"。而在此之后不久，恰逢当地再次发生有感地震，引发了公众对震情的高度关注。2月20日，先是晋中市地震局陆续收到有关震情咨询电话；当晚23时许，外出避震人员逐渐增多；随后"将发生大地震"的谣言迅速通过手机短信、电话、网络向周边区域蔓延。21日凌晨2时30分，太原市部分县区群众外出避震；21日凌晨3时左右，吕梁、阳泉、长治等市也相继有群众外出避震……不到48小时，山西6市、几十个县区群众涌上街头避震，最终演化为一起严重的社会公众恐震事件。

（2）造成不必要的经济损失

1980年闽南地震谣传使人心涣散，社会出现波动，白糖、饼干等食品被抢购一空，造成了千百人徒劳往返。如一教师携家小在地震谣传中跑到北京，待了1个多月，花了好几千元，回家后发现住室被人"光顾"，几乎被洗劫一空。这次地震谣传使闽南地区及广东省的绝大多数大学停课，仅8月24日晚到25日上午11时这短短时间内，华侨大学离校的学生多达777人，占全校学生的29%，带走了港币6万多元，人民币5万多元。

在当地人都外出避震的情况下，国外投资的企业、旅游观光的人也不敢来了，原订的一些旅游活动都来函取消了，菲律宾等国的12个旅行团都取消了行程。历年8月份是泉州一带的"普渡节"，游客如云的场面看不到了，失去了往日的喜气洋洋的欢乐景象。更有甚者，由于受地震谣传的影响，沿海5个城市工业产值在8月份都不同程度的下降。厦门8月份工业产值下降幅度最大达到13%，是全年最低值，外贸产值也随之下降，原定7月份签定合同的一笔160万美元的生意，直到11月份地震谣传平息了才办理；侨汇也低于往年同期，减少了 29% ~ 44%，给这一地区造成了巨大的经济损失。

1972 年 2 月，2 个侨居在美国的墨西哥人致电墨西哥政府，预报"墨西哥皮诺特巴纳尔市 4 月 23 日将发生地震，并引起特大水灾"，结果，这一"预报"导致了当地严重的社会混乱。皮诺特巴纳尔市市长说，这次"预报"造成的经济损失，比 1968 年 8 月发生的 7.5 级地震还要严重。可见，地震谣传会使人们在心理上造成一定程度的恐惧感，同时造成不良的社会影响和经济损失。

（3）造成次生灾害

伴随着地震谣传产生的次生灾害后果也较为严重，如 1976 年 7 月唐山大地震后，唐山地震惨重损失在人们的心灵中留下了不可磨灭的痕迹，大半个中国都进行防震，有 4 亿人口住进了防震棚，在防震棚中贵重物品失盗事件时有发生；防震棚失火烧光了贵重财产乃至夺去人的生命的事件时有发生。如 1976 年 8 月赣榆县农机厂工人苏某，家中两男孩，一个 10 岁，一个 8 岁，假期在家中防震棚内玩火，使防震棚起火，当场烧死一人，另一人烧成重残。

利用地震谣言蒙上迷信色彩，甚至反动组织利用地震谣传引发恶性事件。如 1976 年 8 月 27 日凌晨 1 点钟，四川安县汉易乡红光村，一反动组织头子黄官全向群众散布："四川要发生 12 级大地震……大灾大难要临头，善人要收一半，恶人要收完"，"只有上慈船才能上西天免灾"，并且蛊惑群众："上帝派来慈船接大家来啦"。被地震灾难困惑心灵的人们，绷紧了的神经失去了平常的理智和清醒，被欺骗的群众中尤其是妇女恐怖到了极点，就想到了解脱，于是爆发了 61 人集体自愿投水事件，造成 41 人死亡，有 20 人上岸，反动组织头子黄官全在人们没有注意时跳下水，又偷偷地爬上岸跑了。41 人中男 17 人，女 24 人，最大年龄 69 岁，最小只有 4 岁，更可悲的是，已怀孕 9 个月的黄志芳连同她的丈夫、2 个小儿子全家投水身亡。

5.1.4 生活中常见的地震谣言类型

我国处于世界上 2 个最活跃的地震带上，一是环太平洋地震带，二是欧亚地震带，并且内陆地震频发，因此我国是世界上地震最多的国家之一。地震灾害是一种突发性且破坏性极大自然灾害，大地震可以在瞬间造成巨大的人员伤亡和经济损失，并产生持久的社会影响和公众心理影响。近年来，汶川、玉树、海地、日本、芦山等全球大地震频发，尤其是中国大陆的汶川、玉树、芦山和岷县地震，墙倒屋塌、家毁人亡的惨景，给人们的心理和精神上造成了极大的创伤，公众对地震的关注和敏感性空前提高，地震谣言也随之进入"高发期"。

尽管大地震在人口密集的城市发生概率很低，但是，当今地震预报仍是世界性的难题之一，特别是短临预报尚难以达到社会公众要求，这就给地震谣传留下了产生的空间。每当社会上有地震消息流传时，人们出于安全需要的考虑，本能地对消息的不确定性产生了不安与恐惧，在"宁可信其有，不可信其无"的心理作用下，进一步加剧了地震谣言的传播速度和影响广度。

产生地震谣言有各种各样的原因，既包括地震部门工作不到位造成的客观原因，更包括有人利用地震谣言达到个人利益人为原因。归结起来，主要可分为以下几类：

（1）"泄露"型地震谣言。

中国地震局或其他研究机构的研究人员在对一定时期、一定地域的地震活动性进行研究后，提出了地震趋势判断，受观测资料和研究水平的限制，这种研判还没有达到可进行地震预报的程度。但是，这方面的信息由于疏漏在无意间流到了社会，被"知情人士"放大后在当地迅速传播，因为这种信息来自于地震部门内部，最容易让人相信。

（2）歧义型地震谣言。

1988 年 11 月至 1989 年 1 月发生在九江市的地震谣言事件，就是依据省政府文件引用全国地震趋势会商会意见内容失当和所谓"美国之音"广播，"九江 1 月 23 日至 28 日可发生 7 级大地震"的谣传而引起的。

有些部门正常的地震监测、地震预防、地震应急演练等工作，可能会遭到部分市民误解和猜疑，以为要发生地震。在传播过程中又会以讹传讹，越传越神，形成地震谣言。某些研究机构或研究人员，在合适或不合适的场合，或以不适当的方式发表了自己对某个地区地震形势的看法，而这些看法或言论本身并不构成地震预测意见，仅仅是学术上的见解，但被一些社会公众误解或断章取义，或对专家的言论产生了歧义，由此而衍生出各种各样的地震传言。

（3）肇事型地震谣言。

个别别有用心者唯恐天下不乱，恶意制造出的地震谣言。这类谣言包括黑客攻入地震系统网站或官方网站，在网上以地震部门的名义发布不实的地震信息或直接篡改地震信息，导致地震谣言的爆发。

（4）好事型地震谣言。

个别人的恶作剧，动机或是为好玩，或是想借此恐吓大家，甚至想的是提升自己的网络人气或增加关注度，于是就散布某地某时要发生某级地震。地震又是极其恐怖和敏感的话题，容易被跟帖转帖，以讹传讹。

（5）恐慌型地震谣言。

由于其他地方发生了破坏性的地震，造成的伤亡和损失很大，或者本地发生了有感地震，担心自己所在的地方会发生大地震，从而认为自己所在的地方要发生大地震，并把这种恐惧心态通过其他形式扩散出去，产生大震后因恐惧而跟风的地震谣言。

（6）联想型地震谣言。

由于多数人对自然现象异常缺乏深入的了解，对气候异常、地面沉降或隆起、地裂缝、云层形状、动物异常等自然现象缺乏正确认识，而将其作为地震前兆猜疑进而引起地震谣言。

如1981年8月陕西汉中地区地震谣言所传的"暴雨、洪水是地震的前兆"，就属于这种情况。

（7）迷信型地震谣言。

目前社会上尤其在某些偏远地区，迷信沉渣泛起，每当有风吹草动，再加上自然现象的配合如龙卷风、冰雹、大水、干旱等以及某些动物习性异常，一旦被蒙上迷信的色彩，就极易煽起群众的恐震心理。此外，仍有某些个人缺乏科学依据的预测信息在网上发布，具有一定的迷惑性。如有人利用星像、云彩的变化预报地震；有人根据动物习性的一时反常预报地震；还有人根据自身的感觉预报地震。

（8）外来型地震谣言。

从国外或境外传来的团体或个人预测地震的信息或其他类似的不实报道，演变为地震谣言。

5.1.5　利用网络媒体做好地震突发事件的宣传工作

随着时代的发展，网络地震谣言频频出现是有诸多原因的。地震预报的不确定性，为地震谣言的产生提供了温床；地震灾难的可怕性，为谣言的传播提供了动力；民众科普知识的欠缺，为谣言的传播提供了机会；相关部门应对和回应的不及时、不得体，为谣言的持续发酵提供了空间；互联网，为谣言的迅速传播提供了可能。而网络地震谣言因为传播迅猛而危害极大。因此，在"互联网＋"时代，防震减灾工作面临的最大挑战之一，就是如何应对地震谣传事件。因为一旦谣言盛传，可能会给社会造成极大的危害。

因此，如何利用网络媒体应对地震谣传突发事件，是摆在我们面前的一个非常重要和紧迫的问题。要想做好这方面的工作，仅仅依靠政府和地震部门显然是不够的，必须依靠全社会的共同努力。

利用网络媒体应对地震谣传突发事件

（1）坚持正确导向，强化主流舆论场。

媒体要用正确的导向引导社会舆论发展，在新闻报道中要做到客观公正，这样才能有利于国家和人民的利益，有利于社会的稳定。

媒体在突发事件初期，要积极地争取舆论引导权，迅速统一公众的认识，为妥善处理突发事件奠定舆论基础；如果媒体不争取舆论引导，或者引导方向偏差，就极容易造成公众思想和行为偏激。因此，媒体舆论引导一旦失误，其后果不堪设想，甚至演变成灾难。

突发事件的舆论引导首要任务就是稳定民心，尽快把政府的决策部署和人民的意愿心声统一起来，团结一致，战胜危机。因此，新闻媒体在突发事件的舆论引导中要坚持"团结、稳定、鼓劲"的基本点，以正面报道为主，不断巩固壮大主流舆论场。同时要把握好报道的"时"和"度"，充分反映当代社会的主流和光明面，理性解读发展中存在的矛盾和问题，有效疏导公众情绪，激发公众战胜困难的勇气和必胜的信念。让更多的正面报道帮助公众划清是非界限，澄清模糊认识，在舆论引导中凝聚社会共识，展现美好前景。

在舆论引导时要客观均衡，树立大局或者说是全局意识，把突发事件放到社会整体中考虑，有针对性地提供准确的信息和事件背景，引导受众依据客观全面的信息分析思考，对事件形势做出基本准确的判断。对突发事件进行报道评论时，要充分考虑事件的敏感性、复杂性，准确预测发布的信息将会在社会中产生的影响。只有这样，才能在突发事件处置中做到帮忙不添乱，为营造积极健康的主流舆论场贡献自己的力量。

（2）及时真实进行报道抢占舆论引导先机。

对突发事件的报道和评论必须及时、客观。在突发事件发生之初，由于缺乏准确的信息，人们对事态的判断总会很迷茫，这时是人们对信息需求最强烈的时候。如果此时不能及时、准确地向公众传递信息，抢占舆论引导先机，流言就会在社会上广泛传播并蔓延，抢先进入到公众的头脑，再想改变公众的认识和态度就非常困难了。因此及时、准确对突发事件进行报道是媒体正确引导舆论的第一步。

突发事件舆论爆发剧烈、传播迅速，如若引导不当将会促成极为严重的后果。因此既要快速反应，又要必须以真实准确为标准，谨慎地进行报道。

突发事件因为本身具有冲突性，公众只有依靠真实的信息才能做出正确的判断。如若在突发事件中一味求快、求轰动或者为吸引公众眼球，而报道和评述失实，不仅可能造成舆论导向错误，影响突发事件的成功处置，而且还会造成不必要的社会恐慌，给国家安全、社会稳定造成不可估量的影响。

离开了真实客观性，舆论引导只能是无米之炊、无水之鱼、无本之木。

（3）强化信息解读，当好意见领袖。

要善于利用、引导媒体，及时披露相关信息，使公众更多地了解事实的真相，让谣言无处遁形。其次要注重心理疏导，向网民及民众普及相关知识以提高辨别谣言的能力，并通过积极作为改变网民的反向认知。

克罗斯认为，谣言 =（事件的）重要性 ×（事件的）模糊性 / 公众批判能力。

可见，谣言与公众批判能力成反比。因此，提高网民对网络信息批判能力，对于遏制网络谣言传播有着至关重要的意义。当前，要针对网络谣言事件的多发、频发领域，通过科普教育等方式向网民和民众普及相关知识。

在突发事件报道评论中，应当强化信息的解读能力，挖掘事件的深度，把公众对突发事件的认知建立在全面、理性的基础上，当好公众的意见领袖。

对突发事件新闻的解读和评论应当从 3 个方面来进行：一是简单的事件原型陈述，否定流言蜚语；二是合理的说明和引导；三是深入的论述和评析。

在解读突发事件时，要持有一种公正、客观的态度。不偏听偏信，不先入为主，不以偏概全，不影射攻击，不渲染情绪，不激化矛盾。要时刻以大局为重，认真负责地深入剖析和评论。

（4）搭建舆论平台，引导社会讨论。

突发事件发生后，由于冲突各方意见会出现相互碰撞，公众参与社会讨论的积极性也会被激发出来。这时把因事件产生的问题交由群众讨论，让群众在讨论中逐步去除偏见，鉴别是非，形成基本统一的认识。通过引导受众自由讨论，可以达到引导舆论的效果。

长期以来，主流媒体舆论场与民间舆论场都各自以自己独特的方式影响着不同舆论的运行方向，但二者各自封闭，独立运行，缺乏有效的沟通。两个舆论场域因对同一突发事件看法不同，将会引发公众对整个社会态度的差别。只有打破两个舆论场的离散状态，实现二者的融会贯通，才能有效地弥补社会分歧，形成健康向上的舆论生态环境。

民间舆论场因为海量信息和信息的即时传递赢得了同主流媒体舆论场的比较优势，但同时又因为其非理性的特征，成为其健康发展的一大障碍。主流媒体舆论只有吸收民间舆论场的优点，简化采编程序、提高新闻发布的时效性、增加与受众的互动，才会吸引更多的支持者，重新夺回舆论引导的制高点和主动权。同时主流媒体应培养一批深入基层的意见领袖，在两个舆论场出现分歧、人们无所适从的时候，意见领袖可以通过解读信息的方式，帮助两个舆论场域的公众达成较为统一的意见。

5.1.6 每个人都可以成为阻碍地震谣言传播的重要一环

发生地震谣传的原因比较复杂，但多数是由于人们对地震灾害的恐惧，在过度关注"地震消息"的过程中，谣传被不断放大和传播。地震谣传通过互联网、手机等现代通信手段传播，其范围、影响程度和可能对社会产生的后果会非常严重。国内外都有因地震谣言和地震误传严重扰乱正常生活、生产秩序，引起社会混乱的例子。

最容易出现地震谣传的时间是在发生地震以后。国内外其他地区发生破坏性地震后，特别是人员伤亡惨重的特大破坏地震之后，容易引起人们的恐慌，因此引发地震谣传。

2011年3月11日东日本9.0级大地震发生后，网络上就迅速出现了关于地震及福岛核事故的多种谣言。

像美国科技那么发达的国家，也难免要受网络地震谣言的困扰。一名荷兰男子在Youtube上发布一条消息：由于行星调整轨迹，美国西海岸将于27日下午4点发生8.8级大地震，并呼吁加州的相关政府部门做好救灾准备。因为过去10天在北加州地区发生了多次4级以下地震，这个时候爆出加州地震的预言，不能不引起人们的关注；况且，据说此前这名荷兰男子曾成功地提前2天在脸书上预言尼泊尔地震。福斯电视台对"地震预言"进行了报道。这条消息很快在脸书、微信及微博上疯传，造成有些职员不上班，有些家长决定不送孩子上学，很多百姓"做好了逃生准备"。大家战战兢兢地等到下午4点，什么都没发生，折腾了半天，只是一场虚惊。

判断和识别地震谣传，对于防止和制止地震谣传和平息地震谣传都具有十分重要的意义。其实，每个人都可以成为阻碍地震谣言传播的重要一环，而不是为谣言推波助澜。

每个人都可以成为阻碍地震谣言传播的重要一环

为了正确识别地震谣传，最简单的方法就是"一问二想三核实"。

首先问一下消息来自何方？只要不是政府正式发布的地震预报，无论是地震学术权威说的，还是贴有"洋标签"的跨国预报；无论是"有根有据"的地震传闻，还是带有迷信色彩的地震消息，一概不要相信和传播。因为，按照《地震预报管理条例》的规定，一般情况下，只有省级政府才有权向社会公开发布地震预报，其他任何单位或个人都不得对外发布地震预报。

其次要想清楚，凡是将地震发生的时间、地点、震级都说得非常准确的地震预报都是谣传，如时间准确到几日几时，地震准确到哪个乡哪个村等。因为现在的地震预报水平还达不到如此之高。

最后当听到地震要发生的消息，一时心存疑问，难以判断真伪时，可向政府和地震部门核实。各级基层单位或组织，应及时与上级地震部门取得联系，了解震情情况，及时向群众解释或辟谣。

面对迅速传播的地震谣传，有关部门的首要任务，是通过调查研究弄清事实，尽快掌握地震谣言出现的时间、地点、内容和来源，搞清基本事实，掌握其性质、传播方式和途径、规模、涉及范围、社会经济影响程度等，以便心中有数，为辟谣提供依据。

地震谣传一经传播，影响范围就广。因此，必须把真相告诉大家，让社会公众普遍了解情况。应根据具体情况，利用网络、报纸、广播、电视等快速有效途径进行辟谣，澄清真相，揭露地震谣言的欺骗性。同时，针对采用社会公众对专家、权威的信赖，发挥权威效应，让权威专家出面辟谣，以消除人们的心理障碍，进而达到稳定人心、安定社会的目的。

5.2 科学组织群众参与抗震设防工作

5.2.1 "预防为主"的减灾方针需要每个人的热情支持

建国以来，在我国境内多次发生强烈地震，给人民的生命财产带来了严重的创伤。在过去的 60 多年时间里，我国一次地震中死亡人数超过 5000 人的有 4 次，超过 10000 人的 3 次，超过 50000

人的 2 次。

在地震现场所见的各类建筑物的震害现象和地震灾害惨象，虽然有的在时间上相差几十年，地点相距遥远，但有很多惊人地相似之处。其实这也并不奇怪，因为产生这些灾害的原因都是相同的：遭受地震袭击的那些地方的建筑物的抗震能力低下或不足。而造成建筑物抗震能力低下的主要原因，是设防不当，或者甚至根本就没有设防；除此以外，当然也有设防技术和工程质量的问题。而这一现象在我国的许多地区，特别是在许多强震危险区还仍然大量存在。

尤其应该指出的是，迄今为止很多农村基本上还属于抗震设防管理的空白地区。如果这个问题得不到根本的解决，那么就很难指望能从根本上解决我国地震灾害重、地震死亡人数高的问题。

在《中华人民共和国防震减灾法》中明确规定我国的防震减灾工作要贯彻预防为主的指导思想，但是从建国以来发生的地震后果，特别是从汶川地震的后果来看，对于这一方针的落实还存在某些问题。

预防为主的宗旨是要将一切可以减轻灾害的有效措施做在灾害发生之前，一旦发生易导致灾害的自然现象时能尽量减少、甚至杜绝损失，特别是人民的生命和健康的损失。防灾措施一般有灾前的措施和灾后的措施两类，前者如进行有效抗震设防、加固抗震能力薄弱的建筑、普及大众的科学知识，做好应急预案和应急准备等。后者则有震后的生命救援，安置和援助受灾民众以及各种救灾和恢复重建等工作。要防止、减轻和杜绝灾害损失就是要强调做好灾前的措施，灾前的措施做好了，自然灾害的损失就会大大的降低，甚至可以不用或少用灾后的措施。

灾后的减灾措施无疑是十分必要的，但灾后的措施应该只是一种补充的措施，一种因万一没有实施好灾前措施或灾前措施未能收到应有效果时才被动采取的措施。绝对不能将灾后的措施替代灾前的措施，这样就是本末倒置了。如果我们不能首先做好灾前的措施，就很难能减轻灾害带来的损失，任何好的灾后措施也无法挽回已经造成的损失。有没有贯彻好预防为主的方针关键要看效果，也就是说当我们真正做到了预防为主，一旦发生突发的灾害性自然现象，也不会造成重大的损失。建国以来发生过的一系列地震灾害包括汶川地震灾害，唐山地震灾害等，都在警示我们：尽管我们十分重视灾害预防的工作，也早已提出了预防为主的方针，可是实际效果并不如人们预期的那样好，甚至是远远偏离了人们的预期。问题到底出在哪里？人们不禁要问，下一个"汶川"在哪里？下一个"唐山"会在哪里？应不应该能够防止这些人间的惨象再次重演？建国60多年以来，我们还不能将防震减灾的措施有效地做在下一次大地震发生之前，以致一次又一次地导致重大的生命财产损失，这就是建国以来的历次大地震灾害带给我们的最大的教训，更是付出了极其沉重代价的汶川地震对我们的再次告诫。

汶川地震灾害再次向我们揭示了要做到预防为主，必须提高现有建筑物特别是广大农村建筑物的抗震能力，除此以外没有其他途径可以替代。

地震灾害的本质说到底是一种土木工程灾害，包括唐山、汶川等在内的地震灾害都是一种最典型的土木工程灾害。造成土木工程灾害的主要原因是：在土木工程的规划或建设中由于不当的知识和技术或不当的选址、设计、施工、以及对建筑物的不当使用和维护导致所建造的工程不能抵御如地震一类的突发的载荷，导致土木工程失效和破坏乃至倒塌，造成了生命财产的损失，也就是说酿成了灾害。这些土木工程包括所有的建筑物，地上和地下的、重大和一般的土木设施，如水库、铁路、公路、桥梁、隧道以及各种港口、矿山、电站、工厂和城乡民居等。

此外，风灾、滑坡、泥石流、煤气管线爆炸、地下水管爆裂、煤矿塌陷、溃坝等也都属于土木工程灾害的范畴。而减轻这种灾害的主要手段和方法应该是科学的土木工程方法，既要注意对工程进行正确的选址、设计、施工、使用、维护、加固和保养等。

近半个世纪以来人们经常会问，为什么在欧美甚至在地震多发的日本等发达国家中，几乎不注重地震预报，或根本不依靠地震预报，但当遇到相当强度的地震时也不会酿成太严重的灾害，对应的人员伤亡数也远比我们要少？其实这里并没有深奥的原因，就是因为这些国家认识到，造成地震灾害和损失的根本原因是建筑物的抗震能力不足，因此都普遍重视提高和增强建筑物的抗震能力。也许有人还会问：欧美日等发达国家的经验能适合中国吗？中国地震区域这么大，贫穷落后的地方这么多，能在短期内像这些经济发达国家那样使我们的建筑抗震能力提高吗？

其实，2008 年的四川汶川地震已经给出了明确的回答。在这次地震中，在地震烈度Ⅷ度区的甘肃省陇南市文县境内的临江镇东风新村，民房都没出现震害。原因是，在 2006 年当地发生了一个震级仅5级的地震，全村90%以上的房屋倒塌或严重毁坏。地震后，这个村全部搬迁到紧靠212国道的白龙江边进行重建。在重建中，该村完全按照农居地震安全工程标准进行规划、设计和施工。全村重建地震安全农居73户，户均6间住房。县、乡政府从重建经费中给每户平均补助10500元，借款2500元；经政府协调，由农行给每户贷款2000元，还通过世界银行项目给每户贷款5500元。所有农居都本着经济实用、抗震安全的原则，按照地震部门提供的当地抗震设防要求设防。根据每户经济情况，由临江镇政府委托具有设计资质的勘察设计单位进行设计，为每户提供不同的房屋户型及庭院布局设计供选择。总体要求房屋平面、立面尽量规则对称，基础采用水泥毛石砌筑，以砖混和框架结构为主，按标准设置上下圈梁、过梁和构造柱等抗震措施，确保纵横墙体之间有必要的拉结，房屋结构具有较强的抗震能力。

按照同一抗震要求进行建设的，还有邻近的武都区外纳乡的李亭村和稻畦村。这三个村距汶川8.0级地震震中的平均距离约260km，经地震后现场考察，确定当地地震烈度为Ⅷ度。附近其他未考虑抗震设防要求的农村民居破坏十分严重。武都区桔柑乡贺家坪村距稻畦村15km，距李亭村16km，距文县临江镇东风新村25km，贺家坪村80%的民房倒塌或严重毁坏，但武都区外纳乡李亭村和稻畦村、文县临江镇东风新村农居却完好无损，甚至连墙皮都没有开裂。

在上面提到的例子中，为了建成比较抗震的居住建筑，国家给农民提供的补助并不高，提供每户的经费包括政府补贴、借款和银行贷款在内也仅 20000 元左右。可是由此带来的经济效益，即减少的经济损失是十分明显的，而防止人员伤亡带来的社会效益更是难以估量。反过来也足以说明，即使在目前我国广大的经济并不富裕的农村地区，也并不是完全没有经济能力来建造抗震住宅，关键的是缺乏抗震意识和具体的技术指导。

中国政府继 1994 年提出要使我国大中城市具有抗御 6 级地震的能力后，又在 2004 年再次提出要在 2020 年以前使我国大部分位于地震危险区的城镇要达到能抗御 6 级地震的能力，甚至有的城市要达到中等发达国家的抗震水平，这无疑是一项充分体现预防为主思想的重要举措。

更值得一提的是，2016 年 6 月 1 日，《中国地震动参数区划图》（GB18306 — 2015）正式实施，将建筑抗倒塌目标作为地震区划的基本原则，保证抗倒塌水准的地震动参数的科学性和合理性，对最大限度地减轻震害，保障人民生命和财产安全具有十分重大的意义。

毫无疑问，加强城镇和基础设施的抗震能力，是一项最急迫的确保民生的内需，也是我国防震减灾工作面临的最大的机遇，是实现预防为主的难得良机。做好这项工作，需要社会各界及每个人的热情参与和支持。

5.2.2 　科学进行抗震设防与每个人都息息相关

2010 年 1 月 12 日的海地 7.0 级地震，造成数以十万计的人员死亡。据报道，海地 85% 医生丧生，绝大部分政府部长级高官失踪，至少 300 万民众在地震中失去住所。而 2001 年 3 月，美国西部西雅图也曾发生过一次 7.0 级地震，地震时仅造成一人死亡，但并非建筑物倒塌砸死，而是受地震刺激，心脏病发作身亡。

2010 年 1 月 12 日海地 7.0 级地震后的情景

1988 年，苏联亚美尼亚共和国发生的 6.9 级地震，造成列宁纳坎市 80% 的建筑物倒塌，2.5 万人死亡，2.0 万人严重伤残；然而，美国旧金山 1989 年 7.1 级地震，仅死亡 63 人。

造成这种差异的主要原因，是发达国家更重视抗震设防，抗震设防没有仅停留在口头上，而是真正落实到实际行动中，做到建筑选址科学化，建筑设计有人审查，建筑材料有保证，施工质量有核查。显然，设防不设防，效果大不一样。

多年来，虽然世界各国一直都在致力于抵御地震灾害，但是在一次又一次的地震灾害中仍经受惨痛的损失。究其原因，至少有几个方面的问题值得我们重视：

（1）地震防灾的社会意识需要加强。

与台风、雨雪等灾害相比，地震虽然破坏性极大，但强震发生的概率相对较小，短则数十年、长则数百年甚至上千年才发生一次，且通常没有预警预报。因而，人们容易遗忘地震，平时往往抱有侥幸心理，认为地震离自己很远，没有必要太紧张。在购买住房或建造自居住房时，大部分人关心的是房子的价格和环境，而对房子是什么结构，是否抗震却很少考虑。因此，通过加强宣传，提高民众的抗震设防意识是非常有必要的。

（2）抗震设防的科技水平亟待提高。

建筑物的抗震设防标准，是依据科学统计分析而计算出的地震危害程度，并综合考虑经济与风险等因素而制定的。但是，现在普遍存在这样一个问题，就是有些突发性地震，实际地震烈度有可能超过设防标准。在灾害发生前，地震究竟会造成多大震害，应该采取什么等级的合理设防措施，还需要深入研究，提供尽可能可靠的依据。

（3）经济发展水平制约抗震设防能力。

在经济不发达的地区，许多房屋的建造往往是能省则省，抗震安全问题只作为次要因素。目前这种情况在许多地区依然是较为突出的问题。尽管大家十分清楚抵御地震灾害必须加强设防，可是设防工作将增加建设成本，没有一定的经济能力支撑，难以做到，难以做好。

据统计，地震所造成的人员伤亡，95%以上都是因为建筑物受损或倒塌所引起的。因此，科学设防是抵御地震灾害的最直接有效的方式。事实证明，通过建筑物的抗震设防，是减轻地震灾害损失最有效的途径之一。

（4）为切实加强抗震设防应采取的措施。

为了加强建筑的抗震设防，应注重考虑做好如下几个方面的工作：

一要科学选址和规范设计。房屋建设首先应选择安全的地方，防止地震及次生灾害可能造成的破坏。一些地区在建筑体型、平面布置上追求新奇，形成了一些设计很不规则的复杂建筑。理论和实践证明，房屋的外形设计越不规则，越不利于抗震，特别是那些附属突出构件，地震时最容易伤人毁物。因此，房屋设计在追求美观时，一定要以保证安全为前提。

二要严格执行抗震设防标准。历次震害调查研究结果表明，按照抗震设防标准建设的建筑普遍受损较轻，这说明了严格执行抗震设防标准的重要性和必要性。

我国工程技术人员通过历次地震现场房屋震害调查，找出了各种结构类型房屋存在的抗震不利因素，对破坏原因进行了分析和总结，并通过试验验证，有针对性地提出了各类房屋的抗震措施，编制了《建筑抗震设计规范》、《建筑抗震加固技术规程》及其他有关的行业抗震设计规范。

要把抗震设防管理纳入工程审批、规划、勘察、设计、施工、验收等各个管理环节中。重点加强对住宅和大型公共建筑设施工程的抗震设防专项审查，对于超限高层建筑以及超过抗震设计规范适用范围的工程，要准确把握可能存在的安全隐患，且必须达到抗震设防标准。要加大抗震设防标准实施和监督检查力度，严格执行工程建设技术标准规定的最基本安全要求。

三要及时进行抗震安全鉴定和加固。在做好新建工程的质量管理的同时，还要定期对在设计使用年限内的房屋进行使用维护，重点对超过了设计使用年限的房屋开展全面检查，做到科学鉴定和及时维修，确保建设工程在合理的年限中安全使用。尤其是在大地震后，要对那些早期建造、抗震不足的房屋认真进行检测和鉴定，对达不到抗震标准的，应尽早进行抗震加固，防患于未然。

四要正确处理好抗震设防与经济的合理关系。房屋建筑的抗震设防，要严格执行国家的法律法规和强制性技术标准，同时应该根据我国的国情和各地经济发展水平，因地制宜、量力而行，也要防止不讲科学、过高设防造成的浪费。

地震灾害危及全人类，科学设防与我们每一个人都息息相关。在我国城镇化快速发展时期，房屋建造量巨大，加强抗震设防，保障人民群众生命财产安全，意义将更加重大。

这里必须要强调的一点是，所谓群测群防，内容应该是十分广泛的，除了群众性观测预报，更要注重群众性防范。但事实上，20世纪60～80年代，我们的群测群防工作，更多的精力用在了群众性观测方面，而对于群众参与防震应急演练、建设抗震民居等问题则重视不够。因此，有相当多的人，即使是致富以后，他们在建设、购买自己的住房时，并没有将房屋是否具有抗震性能放在心上。汶川地震中，那么多建筑物轰然倒塌，那么多人缺乏临震逃生和自救互救知识，说明群测群防中的群防也是非常重要的。

5.2.3　解决农居抗震问题是群测群防的一项重要工作

我国是世界上地震灾害最为严重的国家之一，而我国绝大多数破坏性地震发生在农村，20 世纪在大陆地区发生的 63 次 7 级以上地震中，就有 62 次发生在农村地区，地震造成的死亡人员近 60% 为农村人口。

由于目前我国农村民居大多数为自建房，实践中对其抗震设防缺乏强制性管理以及审核验收程序，包括住房在内的农村一般建筑都没经过正规的设计及施工，对于抗震性能也没进行认真考虑。地震在我国农村地区造成的严重人员伤亡和经济损失，已经给我们留下了难以忘记的惨痛教训。

1989 年 10 月 19 日大同、阳高 6.1 级地震，造成 4.4 万间民房倒塌，6.5 万间严重破坏、死亡 20 余人、伤 150 多人，5 万多人无家可归；2003 年 7 月 21 日云南大姚 6.2 级地震，倒塌民房 9343 间，造成 100 万人受灾，16 人死亡，506 人受伤，造成经济损失 10 亿元；2003 年新疆巴楚—伽师 6.8 级地震破坏农村民居建筑 684 万 m²，死亡 268 人，伤 4853 人，造成直接经济损失 14 亿元。2005 年 10 月 27 日的平果—田东 4.6 级地震，由于农村民居建筑不抗震，也造成了 1 死 3 伤、经济损失 5553 万元……

历次地震破坏情况表明，乡镇建设有无抗震措施，结果大不一样。1966 年邢台地震造成严重人员伤亡和房屋倒坍。震后采取村村按抗震要求统一规划及改土房为砖房等抗震措施，1981 年 11 月在原地再次发生近 6 级的地震，几乎没有房屋倒塌，没有造成人员死亡。与此相反，江苏省溧阳县在 1974 年地震之后的重建中没有采取抗震措施，1979 年又在原地发震，结果，房屋倒塌数量比 1974 年多 4 倍。

在近几次的地震灾害中，根据实地调查所获资料，农村地区房屋破坏严重。汶川地震中Ⅷ度以上地区的农居大多数被摧毁，是造成重大人员伤亡的主要原因。根据《汶川地震工程震害调查》的统计，Ⅹ 度区中砖木、土木和土坯房 80% 以上毁坏，一般砖混房屋 60% ~ 90% 毁坏，而按照Ⅶ度进行设防的砖混房屋多数（40% ~ 70%）被破坏；Ⅸ度区中砖木、土木和土坯房多数（40% ~ 70%）被严重破坏或毁坏，一般砖混房屋少数（10% ~ 45%）毁坏，多数中等或严重破坏，按照Ⅶ度进行设防的砖混房屋少数毁坏或严重破坏，多数中等破坏或轻微破坏；Ⅷ度区的江油市区中砖混房屋只有 3% 严重破坏，无毁坏，影响烈度相同的大康镇和武都镇 3 个未设防抽样调查点中，毁坏和严重破坏的农村砖混 / 砖木结构房屋比例都接近或达到了 50%。

可见，以砖木 / 土木结构和一般砖混结构房屋为主的我国农村地区房屋的抗震能力，远低于经过抗震设防房屋为主的县及以上城市地区，尤其是可能带来严重人员伤亡和财产损失的毁坏和严重破坏两种破坏等级下，这种差别更为突出。这种现象在近 10 年来的历次破坏性地震中均不同程度地有所体现。

因此，加强农村的抗震设防工作，对于降低自然灾害造成的人员财产损失，减轻自然灾害对社会经济平稳运作的冲击，维护社会稳定等方面具有重要的意义，而这应该作为群测群防的一项重要工作内容来抓。

农村民居建筑地震安全是地震安全的重要组成部分，提高农村民居建筑抵御抗御地震灾害的能力，是全社会的共同责任。重点应当加强以下几个方面的工作：

（1）做好农村的防震减灾规划。

将防震减灾规划的相关要求落实到乡镇规划和村庄规划，在进行规划或改造时充分考虑并具体落实防震减灾措施。汶川地震的惨痛教训，再一次警示我们农村民居建筑建设在活动断裂上所造成的严重后果。因此在制定乡镇规划和村庄规划时，应当充分征求当地地震工作主管部门的意见，重点落实两项措施，一是编制乡镇和村庄规划，必须避开活动断裂带和其他不利于抗震的场地条件，综合考虑崩塌、泥石流等地震次生灾害的发生；二是村庄建设，应当充分考虑建设场地的稳定性和抗震设防要求，并根据当地的抗震设防要求进行设防。

（2）加强对农民建房抗震技术指导和服务。

有关部门应组织编制和发布实施农村民居建筑抗震技术标准，为农民建造抗震房屋提供技术标准和依据，改变农民建房基本不设防的状况。

组织编制和印发农村民居建筑抗震设计图集，配套构造图、施工图，无偿提供给农民建房使用，改变农民建房基本不设计、基本不抗震的状况。

组织编写农村建筑工匠抗震施工技术培训教材，为广泛培训农村建筑工匠提供统一的教材。通过培训农村建筑工匠，提高农村建筑工匠业务素质，为农民群众建立一支能够扎根农村，为农民建设抗震房屋的施工队伍，改变农村民居建筑施工不抗震的问题。

加强对农民建房抗震技术指导和服务。通过互联网建立农村民居建筑抗震技术咨询专栏，为农民建房提供技术咨询和服务，通过科普村村通、防震减灾科技下乡等方式，加强对农民群众建造抗震安全民居的宣传教育，让广大农民群众知道如何把房子建的更牢固、更抗震，提高农民群众的防震减灾意识。

（3）依靠助理员，推进农村民居地震安全工程。

我国在农村村民住宅抗震方面做了一些探索性的工作，并取得了一些成效。从2004年开始，在国务院的统一部署下，我国实施了"农村民居地震安全工程"。很多地方都广泛开展示范工程建设，建立示范区、示范点，通过防震减灾助理员等带动和示范，引导农民主动参与农村民居地震安全工程建设，收到显著成效。有些省份取得了较好的效果，尤其是在有效动员群众方面，积累了一定的经验。

为了积极促进全省农村民居地震安全工作，海南省有关部门加强农居技术服务体系建设，为市（县）、乡（镇）农居工程技术服务中心配备专用设备。建立完善省、市（县）、乡镇和村委会四级农村民居地震安全工程技术服务保障体系。积极开展农村建筑工匠抗震建造技能培训，为农居地震工程实施提供了技术保障。联合建设等部门组织地震、抗震、设计和施工方面的专家成立了专门培训队伍，编写了浅显易懂的民居抗震技术培训教材，到各市县巡回授课。

海南省在所属 18 个市（县）都成立了农居工程技术服务中心，在 228 个乡（镇）设立农居工程技术服务站，并在各乡镇设立防震减灾助理员，在各村设立农居工程联络员，负责技术指导、信息收集等工作。加大农居工程技术培训，省地震、建设行政主管部门积极开展农村建筑工匠抗震建造技能培训，为农居工程的实施提供技术保障。实施农村农居防震保安示范工程。

在资金投入方面，海南省坚持以"群众自筹为主、政府支持为辅、发动社会帮扶、金融机构扶持"的原则，努力整合移民搬迁、征地安置等涉农政策性补贴资金，积极吸收社会捐赠，切实解决好特困户和贫困户的实际困难。

（4）加强宣传，营造人人注重地震安全的氛围

真正把解决农村民居抗震问题落到实处，不可能一蹴而就，不管是宣传还是实施，都是一场持久战，都需要广大民众的热情参与。只有让全国人民都行动起来，尤其是建筑专业和设计施工的人士，人人都带着一份责任心和使命感，参与到严守标准、抗震设防中来，才能取得预期的效果。因此，要通过多种途径、多种方式，如互联网、报刊、影视媒体以及组织社会活动等，有计划性、针对性地开展防震减灾活动，进行抗震设防知识普及教育，将强化标准、确保安全的防灾理念植入人心，营造良好的防震减灾文化氛围。